U0010591

貓狗營養學

寶血動物醫院院長

柯亞彤 著

晨星出版

愛毛孩子，就要讓毛孩子健康長大

在獸醫系的學生生涯中，「營養學」這個科目是很不被重視的，但是畢業後步入臨床獸醫領域，發現很多疾病其實跟營養學息息相關。

我們家裡有一隻玩具貴賓，他叫轉轉，從小就是一個挑食鬼。吃飯的時候，我們都是買純牛肉罐頭（就是有一塊一塊牛肉塊的那種），再把飼料混在裡面給他吃，而他就是有本事可以把飼料挑出來丟在地上，只吃罐頭裡的肉塊。

他的挑食確實讓我們傷透腦筋，不忍心看他瘦成了皮包骨，所以我們就會拿人吃的食物稍微過水一下給他吃。到現在七、八歲了是都沒事，身體也還算健康，但是心裡總會擔心，他現在每天只吃罐頭配飼料真的營養嗎？還有，他即將步入老年，是不是要補充一些營養品？

另外，在工作上也常遇到有脂肪血的狗狗，有些可能是品種關係，但有些是因為平常的飲食都是以鮮食為主，動物雖然看起來不胖，但

是血漿離心後是草莓牛奶顏色的脂肪血。心裡也會默默想著，主人這麼用心烹煮美味的鮮食料理給毛寶貝吃，但這樣真的是好嗎？單純吃飼料會不會比較好？

此外，平常最常被飼主問到的問題就是，「零食一天可以吃多少」、「潔牙骨一天吃一根可以吧？不然他牙結石這麼多！」、「到底一天可以吃多少潔牙骨啊？」……其實我根本不知道！

還記得有一次一位非常有愛心和耐心的貓咪飼主就帶她領養的貓咪來，閒聊的時候問我：「他現在都吃生食，捐血應該沒關係吧？」我就問她：「為甚麼要吃生食啊？」據她說是因為之前在公園都吃飼料，飼料沒有水分，她很怕貓咪會腎衰竭，所以帶回來養後就試很多鮮食或是罐頭，但是他不愛吃，而且每次吃都拉肚子，後來換到生食，就改善很多，所以現在都吃生食。還順便分享了鮮食有哪些品牌，哪一家是她們吃的，幾乎每一家都試過。

和大家分享這個例子，主要想表達的是，飼主對於自己家寵物的照顧已經勝過很多獸醫師了，身為獸醫師的我，因此發憤圖強，決定要更鑽研相關知識，並且融入自身經驗及寵物醫療的經驗，整理成此書，希望可以解決大部分飼主的疑惑，並且讓這些毛寶貝們能健康的陪我們一起慢慢變老。

目次
CONTENTS

Chapter 1

想要毛寶貝健康長大，
營養很重要

這個章節説的，可能是嚴肅且枯燥的理論，

但是，卻是想要養好毛寶貝們的基礎觀念，

看完以後，你我也可以自已測驗看看，對毛寶貝所需的營養了解多少。

吃對東西比吃東西還重要

吃東西身體才有足夠的營養和熱量，才能應付我們日常生活的活動所需。這個道理在人身上適用，在寵物身上也是一樣的，但光是吃飽就夠了嗎？

「You are what you eat.」，每天都吃微波食品和吃新鮮的食物，相較之下，長久以來對身體的影響巨大，但怎麼吃才是最適合的呢？

在這一個章節裡，我想和大家分享的，除了食物營養成分的基本知識外，更主要的，是想要分享毛寶貝和我們人類在飲食上的差異性。

要吃東西才能活啊

英文有一句話叫做「like father like son.」，意思是有其父必有其子，在動物醫院，我們也常有「甚麼主人養甚麼狗」的既視感，看那種很胖的狗狗，主人往往也都是圓圓滾滾的福相，深怕自己家的毛寶貝吃不飽。

印象中有一次，有位飼主抱著他的狗狗匆匆忙忙的衝了進來，一見到我就說：「怎麼辦，怎麼辦，我的狗狗一直吐一直吐。」我看了一眼他的毛寶貝，光是那明顯過胖的身形，就足以證明這位飼主可能「太寵愛」他的毛寶貝了。

一問之下，果然是如此，這位飼主的觀念就是「無論如何都不能讓狗狗餓肚子」，因此，對他的毛寶貝簡直是「有求必應」，要飼料有飼料，要零食有零食，要罐頭有罐頭，隨時備著，狗狗要吃多少就有多少。

　　這種看似寵愛的行為，正是造成眼前他嘔吐的主要原因。

　　另一個例子則是飼主嚴格控管毛寶貝的進食量。那位飼主帶狗寶貝來做例行性檢查時，我發現光是用看的，就能看到狗狗的肋骨。大致問了一下飼主平日給狗狗進食的量，才發現飼主為了怕狗狗吃太多，平常不但一天只給一餐，早晚還帶狗狗出門運動，他覺得這樣一來，毛寶貝才能健康長大。

　　以上兩個例子的飼主都有盲點，因為毛寶貝本身不太會有「吃飽了」的感覺，因此，身為飼主的我們，在決定飼養他們之前，就要先做好功課，雖然人和寵物一樣，都是要吃才能活，但也不是隨便亂吃，畢竟吃甚麼就會導致自己的寵物變成甚麼樣子，身為飼主的我們是決定動物吃甚麼的關鍵人物，所以要給動物甚麼食物、給多少量、怎麼給，可說是決定了寵物健不健康的關鍵。

▌你給毛寶貝們吃對了嗎？

　　除了寵物罐頭、飼料外，你給你的毛寶貝們吃過甚麼呢？

　　曾經，我遇過一位飼主給他的狗狗吃了一片巧克力！還有飼主餵了家裡的貓寶貝吃了含有蔥薑的蒸魚……。

　　「這會有甚麼問題嗎？」可能很多飼主都會有同樣的疑問。「我

吃甚麼，就給毛寶貝們吃甚麼啊，他們看起來也很愛吃嘛。」

萬萬不可！

我們先要弄清楚一個概念——維持生命基本所需的必要物質稱為「營養素與能量」，不必要的物質為「代謝產物與有害物質」。

也就是說在平常的飲食而言，會同時攝取到必要及非必要的物質，在經過消化、吸收及代謝的過程後，會被利用為能量來源或是成為構成身體的成分，過程中產生的代謝廢物，主要透過尿液或是糞便排泄掉，以維持體內的恆定性。

回到一開始我舉的例子，巧克力和蔥、蒜。巧克力含有可可鹼和咖啡因，會傷害寵物的中樞神經，萬一誤食，嚴重的話是會死亡的；至於蔥蒜，則是因為含有二氧化硫，會造成寵物紅血球氧化，嚴重的話，也有可能奪走毛寶貝們的性命……。

我有一位獸醫學長的狗，因為家人給他吃兩顆韭菜水餃，晚上開始軟腳，送醫院後就嚴重貧血，住院兩天就死掉了，不要小看，真的很嚴重。

由此可知，在替寵物們準備食物時，千萬不可大意，不能再存有「我吃甚麼，他就吃甚麼」，或是「就吃一口嘛，沒這麼嚴重」的觀念了。

不只是要吃對，還要吃得營養

對寵物來說，營養和能量是一樣重要的。不同階段的寵物，需要不同的營養和能量，舉例來說，一歲的寵物需要補充的營養和能量，和三歲的寵物就是截然不同的。

不僅僅是因為成長之所需，更重要的，是因為不同階段的寵物，活動量自然也不同，想要寵物們能夠快樂又健康的長大，「吃對」和「吃營養」這兩大原則，真的是缺一不可。

先搞清楚營養素是甚麼吧

大家應該耳熟能詳，食物中有六種營養素，包含碳水化合物、蛋白質、脂質、維生素、礦物質和水，在這些營養素中，由於「能量」是由碳水化合物、蛋白質和脂質所供應的，所以這三個被稱為「三大營養素」。

每 1 公克的蛋白質能供應給身體 4 大卡（kcal）的能量，每 1 公克的碳水化合物也能供應身體 4 大卡（kcal），而每 1 公克的脂質可以供應 9 大卡。這裡說的「大卡」是能量的單位，也稱為「千卡」或是「卡路里」。

一隻幼犬、幼貓；一隻成犬、成貓；一隻老犬、老貓……，每個

階段所需要的營養和能量都不同，簡單説，飲食中的營養與能量是否充足會依照動物的需求量、年齡、所處環境以及活動量和健康狀況有所不同，這個部分我會在接下來的章節裡慢慢的和大家説。

年齡 成分	幼年犬貓 （一歲以前）	成年犬貓 （一至六歲）	高齡犬貓 （七歲以上）
脂肪	因熱量消耗較多，需求高		為控制體重，脂肪需求量低
蛋白質	因成長需求大，需求高		為降低腎臟負擔，蛋白質要減少
維生素	為提供代謝所需的營養，熱量需求大，維生素需求較低	適量	維生素可避免肥胖並促進腸道代謝，需求量大
礦物質 （鈣、鈉、磷）	礦物質為肌肉骨骼成長所需，需求量大		為降低腎臟負擔，需減少礦物質攝取

▌ 能量代謝：寵物食品上的「代謝能」是甚麼意思呢？

我們並不會吃多少能量進去就全部利用，因為還會有排泄的部分。所以食物中含的總能量（GE：Gross Energy），扣除掉排泄掉的能量後，才是實際上身體能利用的能量，稱為代謝能（ME：Metabolizable Energy）。

這是一個評估可否從食物攝取到個體的能量之重要指標，也就是在寵物食品上常見的「ME＝？kcal／100g」。

下次看到這個「代謝能」就知道是甚麼意思囉。

▲ 照片提供：柯亞彤

狗狗代謝能 ME 比例建議

	蛋白質	脂肪	碳水化合物
ME%	至少 18% 以上	35%~65%	10%~45%

貓咪代謝能 ME 比例建議

	蛋白質	脂肪	碳水化合物
ME%	45%~60% 以上	30%~50%	低於 10%

▍維持寵物的能量均衡很重要

在獸醫臨床工作，常常聽到飼主問：「醫師啊，他現在身材這樣算正常還是太瘦？」到底飼主應該要怎麼控制動物體重在一個健康的數值呢？

還記得人通常去完健身房或泡湯完都會在體重機上秤一下重，確認自己的運動有沒有效，對吧？

「體重」為確認身體所攝取的能量是否均衡的一個很簡單的指標，從飲食中攝取到的能量與代謝或運動所消耗的能量相等時，體重就會維持在一定的數值。

也就是說，一般狀況下，吃的多，動的少，體重就會不斷上升（跟很多懶惰的橘貓一樣）；反之，動的多，吃得少，體重就會下降。

但如果，吃的多但體重卻下降，這就可能隱藏著健康上的問題，尤其是短時間體重突然減少 10%以上的情形時，一定要提高警覺，確認飲食內容和變瘦原因，絕對不能輕忽。

然而，寵物攝取過多零食而導致的體重增加也要一併計算喔！因為不僅有正餐有熱量，零食、肉乾熱量也很高。家裡毛寶貝才不會在不知不覺中慢慢變腫囉！

▍BCS 體態評分：看看寵物的身材是否標準

BCS 為 Body Condition Score 的簡寫，是評估攝取能量與消耗能量之間是否維持適當的平衡。根據此方法就可以簡單的來分析你家的寵物身材是否標準。

BCS 分為九級，以中間的 4 和 5 為最理想的身材，簡單的來説就是達到一種摸得到但看不到的境界，檢查重點為：頭顱、肩胛、肋骨和骨盆腸骨的位置。這些位置骨頭比較突出，理想體態就是這些骨頭都看不太到，但要摸的時候一定摸得出來，就是標準的體態！

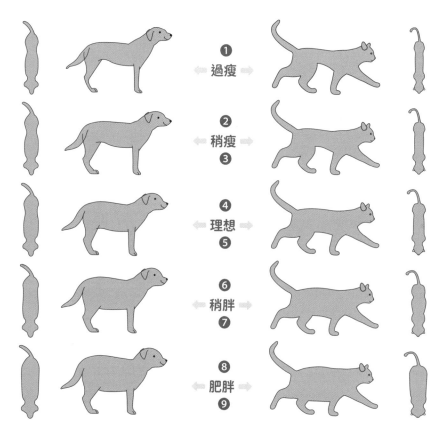

　　由頭顱、肩胛、肋骨和骨盆腸骨這四個位置去判斷，標準的體態要摸得到，但看不到，1.2. 都看得到肋骨，偏瘦，8.9 完全看不到肋骨，手也摸不到。

消化和吸收：談談「飼料換肉率」

「醫師，很奇怪，我家毛寶貝怎麼越吃越瘦啊？」

「醫師醫師，我家狗狗真的一天只吃一次，早晚還帶出去運動一個小時，怎麼還是這麼胖？」

「醫師，請幫幫我吧，我們家貓貓好挑食，一吃不對就拉肚子。」

……

很多飼主在飼養毛寶貝時，都會以為給他們足夠的食物和水，毛寶貝們就應該長得頭好壯壯，健康滿分才對，但，真的是這樣嗎？

有一位主人，常常會帶他的惡霸犬來我們醫院，有一陣子很瘦，有一陣子又會稍微變胖，就會問飼主，「怎麼最近變這麼瘦，肚子都凹下去，肋骨也很明顯？」

飼主說：「因為最近吃比較少就都餵他吃一餐而已，然後他吃多少就拉多少。」

其實我自己也是這種體質的人，我們都會戲稱叫做「飼料換肉率很差」，如果我是豬的話，就是最先被淘汰的那種，但狗狗和貓貓和人就不見得是同一回事啦！

「吃多少拉多少」，其實就是消化吸收有問題，我會建議如果本

身吸收不好，可以搭配益生菌去使用，後面章節會教大家如何挑選適合的產品喔！

　　所謂的食物，僅吃進去體內不能被利用，必須經過消化系統的作用，才能為身體所用。消化系統包含消化道的口腔、食道、胃、小腸、大腸，以及胰臟、肝臟等附屬器官。吃進體內的食物經過物理性和化學性消化後，從小腸被吸收，送往肝臟及淋巴管。

　　「物理性消化」指的是食物在口腔中經過咀嚼咬碎、切斷、攪拌，以及消化道內的運動；「化學性消化」則是透過水和消化酵素的水解作用，將食物分解成小腸可以吸收的小分子，而小腸不能吸收的未消化物則會運送到大腸，以糞便的形式排出體外。

　　接下來，我們一起來深入了解消化與吸收的機制及人與狗貓的差別吧！

▋ 口腔

功能性：將食物切成能吞嚥的大小、吞嚥

　　口腔內有重要的牙齒與舌頭和唾液（內含有能消化澱粉的消化酵素），而口腔最主要的任務就是「將食物切成能吞嚥的大小並吞下去」。人與犬貓在口腔上最大的差異是牙齒的形狀、數目及下顎關節可移動的範圍。

　　對於雜食或草食動物來說，由於碳水化合物型的食物是牠們的主食，所以牙齒為平面且顎關節可以做出如「臼」一樣的研磨動作。另

一方面，屬於肉食性的動物牙齒就會比較尖銳，呈現小山樣，所以犬貓的牙齒都是這樣的形狀，且貓咪會更銳利喔！犬貓牙齒的功能是用來穿刺和切開食物用的，也因此他們的下顎關節也不能做出研磨的動作。換句話說，因為食物在犬貓口中停留的時間很短，所以並不會在口中進行消化作用。

雖然狗狗貓貓的唾液沒有消化作用，但是充分的唾液分泌可以幫助他們將食團吞嚥，對於口腔衛生十分重要，且有殺菌的效果喔～此外，狗貓的牙齒因為形狀和口腔的 pH 值偏鹼性（人平均 7.01，狗平均 7.97，貓平均 8.1）所以犬貓很少會有蛀牙，若你的毛寶貝有蛀牙問題，那就表示清潔沒做好。

▍食道

功能性：將食物送往胃

食道是一個負責輸送食物的器官，藉由蠕動運動將吞下的食物往胃部運送。食道黏膜所分泌的黏液有助於食團通過食道，但是食道本身並不會分泌消化酵素。在食道的尾端有下食道括約肌，可以防止胃食道逆流。

動物如果不吃，我們就會裝食道胃管或是鼻胃管，用途主要為灌食，通過食道到達胃，讓不自己吃飯的犬貓一樣可以得到需要的營養。

▲ 鼻胃管　　　　　　　　　　　　▲ 食道胃管

胃

功能性：將食物消化成黏稠的食糜狀

胃就是主要用來消化的器官了喔！胃裡面含有豐富的消化酵素。

食物經由食道進入胃的賁門部，停留在胃體部，經由蠕動運動攪拌混合成黏稠的「食糜狀」，會一點一點的從胃的出口——幽門被送往十二指腸。在食物形成食糜狀之前，胃的賁門與幽門括約肌會收縮讓食糜停留在胃中。

胃黏膜會分泌鹽酸（HCL）、蛋白質消化酵素（胃蛋白酶原）（Pepsinogen）與黏液。一旦食物進入胃部刺激鹽酸分泌，胃內容物的酸鹼值會下降到 pH1-2。這個過程會活化胃蛋白酶原變成胃蛋白酶（Pepsin）將蛋白質分解，並且可以將食物一起吃進來的微生物一起殺死，達到殺菌的作用，還能促進鈣質與鐵的吸收，對於之後消化道的消化吸收過程是否能正常進行十分重要！！

那麼，有時候我們雖然有吃進去一些不甚新鮮的東西，沒有甚麼特別反應，但有時又會瘋狂拉肚子，這是甚麼原因呢？主要就是胃內

的胃酸已經有幫助先殺菌了，但是如果菌叢過多，胃酸還是無法消滅所有的微生物，所以還是會有拉肚子的狀況，此外，像是細菌、病毒、寄生蟲，都是會引起腹瀉的原因，胃酸僅能消滅細菌性的感染，如果是寄生蟲或是病毒，就沒有辦法有效對抗，所以才會拉肚子拉得這麼嚴重喔！這種症狀我們通常會稱為病毒性腸炎，例如犬小病毒性的腸炎，就會有很嚴重的消化道問題！！

在胃中，一般來説越是大量、固體、高脂肪、富含水溶性膳食纖維的食物，停留的時間越會比少量、液體、低脂肪、富含不溶性膳食纖維的食物還要更久。

胃壁所分泌的黏液能保護胃壁不受到蛋白質分解酵素及鹽酸破壞，但如果動物處於不安、害怕、有壓力的狀況下，會降低胃黏液的分泌量，所以會有胃潰瘍等狀況產生。

胃部的容量，在人類為 1.3 公升，狗狗 0.5-8 公升，貓咪 0.3 公升。人類和狗狗的胃具有擴張性，所以可以一次吃下所有的食物，但是貓咪天生的食性是獵食為主，所以一天分好幾次才能吃完，胃本身的擴張性不大。

這也是為甚麼有些人的養貓方式是讓他們吃 buffet！但這樣做好或不好，還是依照各動物本身的狀況而定喔！之後小腸的部分再跟大家解釋！

狗狗的消化系統及其功能

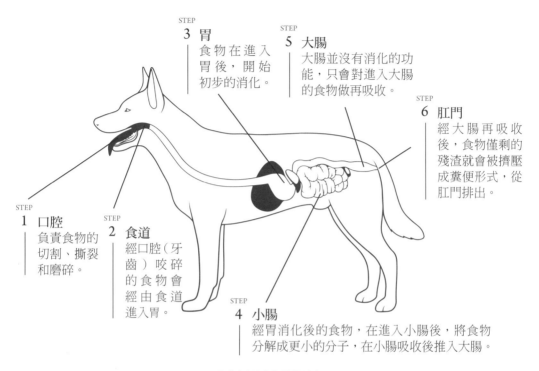

STEP
3 胃
食物在進入
胃後，開始
初步的消化。

STEP
5 大腸
大腸並沒有消化的功
能，只會對進入大腸
的食物做再吸收。

STEP
6 肛門
經大腸再吸收
後，食物僅剩的
殘渣就會被擠壓
成糞便形式，從
肛門排出。

STEP
1 口腔
負責食物的
切割、撕裂
和磨碎。

STEP
2 食道
經口腔（牙
齒）咬碎
的食物會
經由食道
進入胃。

STEP
4 小腸
經胃消化後的食物，在進入小腸後，將食物
分解成更小的分子，在小腸吸收後推入大腸。

▲ 食物經過消化道的流程圖

小腸

功能性：負責營養吸收

> 人和犬貓腸道的長度和功能大不同
> 人類：腸道約 8 公尺，可以消化複雜的食物
> 犬：4.5 公尺，只能消化簡單的食物
> 貓：僅 2 公尺長，僅具備極簡單的消化功能

食物經過了以上的關卡後，終於要開始進到「吸收」的重要關卡了！

小腸為主要的吸收器官，小腸黏膜有豐富且表面積極大的絨毛，目的就是為了要將食物好好利用！小腸由十二指腸、空腸、迴腸所組成，十二指腸的功能主要是將胃送來的食物進一步消化，空腸及迴腸負責吸收。

十二指腸會對胃部送來之內容物中的蛋白質與脂肪產生反應，刺激膽囊分泌膽汁。由於脂肪的特性是無法溶於水的，所以必須先對其進行乳化作用，之後脂肪會被胰臟分泌的胰液中的胰脂酶（Pancreatic Lipase）分解為甘油與脂肪酸。

胰液中除了脂肪酶還有蛋白質消化酵素（胰蛋白酶 Trypsin、胰凝乳蛋白酶 Chymotrypsin 等）以及碳水化合物的消化酵素（澱粉酶）。透過這些酵素的作用，所有的營養素會被分解成小分子，從小腸壁的絨毛吸收進去後進入肝臟和淋巴管。膽汁和胰液不只可以中和強酸性的胃內容物，同時還肩負維持小腸正常環境的任務。

回到剛剛的問題，到底應該給寵物一天幾餐？其實要看寵物的吸收能力和主人的時間安排。

一般成年後的狗狗一天一餐就是可以被接受的，但是最好可以一天兩餐，避免餓太久及吃太快，會嗆到，另外對於消化吸收也會比較完善，比較不容易胖。

　　至於貓咪，瘦的貓咪可以一天兩餐給他，也放一些飼料讓他們想吃就吃。但是胖的貓咪就要控制食物的量，不可以讓他們毫無節制地吃，不然肥胖可是很多毛病的開端喔！

大腸

功能性：水分和電解質的再吸收

　　大腸主要功能是水分與礦物質的再吸收，並產生糞便，要注意的是，當動物已經便祕很多天，大腸會不斷的吸收水分，導致大便越來越硬，形成所謂的「巨結腸」。

　　這種後天性的巨結腸症主要發生在大腸（直腸為大腸的一部分），是一種持續性大腸直徑增加的一種情形，主因是糞便的滯留，如便祕與結腸阻塞，使糞便中的水分被結腸吸收，成為較硬的糞便，並不易排出，在長期的糞便滯留後，會導致結腸活動力不可逆性的改變，使得糞便滯留的情形更為嚴重，大腸直徑因糞便堆積而持續增加。

　　由於不論是狗或貓都有可能發生慢性便祕與結腸活動力低下的狀況，因此，一位合格且真心對毛小孩好的主人，一定要隨時注意毛小孩的排便狀況喔！

食性與食物偏好：適口性

以甚麼食物為食就稱為「食性」。

食性跟該動物的消化器官能適應的食物有關，例如：肉食性越強的動物就有以下幾個特點：

1. 牙齒越尖銳

2. 吃蛋白質為主（因為需要最快被消化）

3. 消化器官比較短的動物也會以肉食為主（因為需要最快被吸收）

動物喜歡吃甚麼樣的食物稱為「適口性」，由食物的氣味、口感來決定，除了單純的喜好以外，也可以藉此確認食物是否安全與新鮮。

味覺分為五種：甜味、鹹味、苦味、鮮味和酸味。

一般來說，肉食性的狗貓，最喜歡的氣味是脂肪的氣味，肉類和魚類等富含麩胺酸等胺基酸的味道，對他們是很有吸引力的，再加上狗狗、貓咪的味蕾比較少，對鮮味和酸味的喜愛度也極高。

其次，貓的嗅覺細胞比狗狗少，所以狗狗通常用嗅覺和舌頭去確認食物，而嗅覺會受到水分和溫度的影響，至於貓咪則較依靠視覺來辨識食物的大小，以及是不是好入口等等，所以寵物們更喜歡溫熱、含水量高的濕食。

但是貓咪對於甜味不太敏感，所以說貓咪餵藥不會給糖漿是因為，苦味比甜味敏感的貓可是會吐泡泡的！另外狗狗對於甜味會喜歡，所以對狗狗來說是可以接受餵藥時混糖水的。

可以給及不能給狗狗和貓咪吃的食物

不能給狗和貓吃的食物

人和犬貓除了消化與吸收功能不同以外，在肝臟進行的代謝也不盡相同。肝臟除了是營養合成與分解的場所，也負責解毒，所以當犬貓的肝臟無法代謝的東西吃下肚時就會有中毒的危險。

以下詳列幾項不能吃的東西供大家參考：

❊ 會引起中毒的食物：蔥、薑、蒜、巧克力、人類用藥（劑量過高）
❊ 會消化不良的食物：骨頭
❊ 不能吃的水果類：蘋婆、葡萄、楊桃

以上這些食物固然要特別小心，但是，還有些「糖衣食物」，也就是看起來健康養生，實際上卻是萬萬不可吃的日常食物，大家可能也要特別留意了，如果不幸給給寵物們吃到，最好能在半小時到一小時內帶去動物醫院，以免發生危險，造成遺憾。

以下就是幾種看似健康的「糖衣食物」。

1. 牛奶（危險度：★★★）

很多人一定想説，我們家小狗剛出生時就是喝奶啊，怎麼可能説狗狗不能喝牛奶呢？

但是，你是不是忘了，需要喝奶的其實是小狗啊，而且喝的還是「狗奶」喔！

人類喝的牛奶和奶粉是低蛋白、低脂肪、高乳糖、高磷高鉀，而狗奶恰好相反，高蛋白高脂肪、低乳糖、低磷低鉀。狗狗體內乳糖分解酶較少，且隨著年齡增長而降低，故不能完全消化牛奶中的乳糖，因此會造成乳糖不耐症，而乳糖還會在後段腸管內被微生物發酵而產生氣體並造成脹氣，甚至導致滲透性腹瀉。所以不要再給狗狗喝牛奶了喔。

2. 冰淇淋（危險度：★★★）

夏天在吃冰淇淋的時候，一定會有飼主這麼做：

「來，寶貝也來吃一口吧！」

你也有把手上的冰淇淋送進家裡毛寶貝口中的經驗嗎？

千萬不要！絕對不要！

和前面説的牛奶是一樣的道理，由於冰淇淋內，奶、脂肪及糖分含量太多，所以也會導致腹瀉喔！不要給他們吃才是比較安全的。

3. 堅果（危險度：★★★★）

有些人在看電視時會抱個綜合堅果桶，自己吃一口，身旁的狗狗也餵上一口，這看起來很溫馨的畫面，實際上卻是在傷害狗狗。

適量的堅果對人體有絕對的好處，但對狗狗來說，卻是具傷害性的食物，尤其是「核桃」和「夏威夷果」。只要吃一顆就會有生命危險。

「核桃」對狗狗來說具有毒性，中毒症狀為顫抖、抽搐、癲癇與心血管機能異常，請務必小心避免。

「夏威夷果」一樣會造成狗狗的神經症狀，例如抽搐、共濟失調而倒地等。

此外，堅果類還有「太硬」、「太尖」或「太大顆」之類的問題，因此，建議還是不要給狗狗吃到堅果類的食物，避免危險！

4. 麵包（危險度：★★★★）

正確的說，狗狗不是不能吃我們人吃的麵包，而是**不能吃生麵團或是正在發酵中的麵包**。

如果狗狗進食正在發酵的麵團，酵母會在狗狗的胃部血液釋放有毒的乙醇（即酒精），造成像是狗狗喝了酒，造成酒精中毒的後果。

附帶一提，像是茶葉也會在狗狗肚子裡面發酵，所以也要注意不要讓狗狗吃到茶葉，若是不小心吃到，一定要立刻取出來。

5. 骨頭（危險度：★★★）

「甚麼？不能給狗狗吃骨頭？狗狗不都是吃骨頭的嗎？」

相信大家一定也有同樣的疑問吧？但你不知道的是，骨頭其實真的不是很適合狗狗呢。

首先，骨頭是沒有營養的食物，再加上骨頭又硬，很容易造成狗狗消化不良，還有一點更重要，就是骨頭的形狀，像是雞骨頭，它的形狀很尖，若是狗狗沒有好好咀嚼就吞進肚子裡，是很有可能會刺穿腸壁啊，所以，雖然「給狗狗吃骨頭」幾乎已經成了約定俗成的習慣，但為了狗狗好，還是不建議給狗狗吃骨頭喔。

6. 生肉（危險度：★★）

接下來也是一個比較顛覆一般人習慣的一種食物——生肉，簡單說，生肉是可以給狗狗吃的，但這裡說的生肉，是指**無菌包裝的生肉**，至於市場上沒有經過一定的檢驗程序，保存環境也不佳的生肉，就不宜給狗狗吃，因為生肉上的細菌極有可能造成狗狗嚴重腹瀉，可是很危險的喔。

7. 部分水果（危險度：★★★★★）

基本上以水果類來說，**建議有「桃」的都還是不要吃比較好**，例如葡萄、櫻桃、楊桃，櫻桃含有生物鹼，籽和果核含有氰化物，對狗狗來說都是致命，籽如果再不小心吞下去就會造成腸道

的阻塞，需要去開刀處理，千萬要注意。

另外特別注意有一種水果名為「鳳眼果」，又叫「蘋婆」，台灣多產於嘉義以南。這種水果則是千萬不可以餵食毛寶貝，他們只要吃一點點就會中毒，甚至致死。請各位讀者自行上網搜尋這種水果的長相，千萬不能讓自家的貓狗接觸到喔！

8. 蔥、薑、蒜（危險度：★★★★★）

再來就是植物類，蔥、薑、蒜、洋蔥、韭菜、辣椒⋯⋯以上這些刺激性的食物可千萬別拿給狗狗吃，萬一不小心吃下去，狗狗是有可能死亡的喔。就算是煮熟的，或是菜餚中的配料，不小心給貪嘴的狗狗吃到，最好立刻送到醫院進行催吐，才能避免遺憾的事發生。

為甚麼吃到這些看似平凡的配料會有性命危險呢？那是因為這些具刺激性的食物易造成狗狗的紅血球破裂後溶血，出現血便或血尿的相關症狀，這對狗狗來說，是十分危急的，飼主們不能不小心。

除了要注意能吃和不能吃的食物外，食物的「量」也很重要，有些狗狗吃了沒事，有些狗狗吃了會有嚴重反應，這和攝取量有關；所以千萬要注意家中毛寶貝，最好不要將這些食物放在他們容易看到的地方，以防患於未然。

Chapter 2

該怎麼為毛寶貝們選適合的寵物食品

市面上有形形色色的寵物食品，

裡面的成分也是包山包海，

身為飼主，也為了選擇寵物食品而困擾嗎？

接下來就告訴你正確的選擇原則。

寵物食品的基本知識

世界上第一批被製作及販賣的商業性寵物食品，是一八六〇年住在倫敦的美國人詹姆士・斯普拉特所製作的狗食，在這之前，狗狗都是吃人類的食物或是廚餘。後來基於便利性，狗的飼料在商業化大獲成功，並陸續開發出更多樣化的商品。

在日本，寵物食品的普及則是在第二次世界大戰後，原本只為填飽肚子，後來慢慢地開始注重營養均衡與產品品質，到現在寵物食品的多樣化超乎想像，而且在寵物病中、病後，甚至復原期都扮演著很重要的角色。

隨著寵物食品的角色越來越吃重，也喚起我們必須重視寵物食品的來源、成分和安全性，無論如何，寵物食品一樣是食品，為提供寵物們健康與營養的主要來源，所以食品的安全性是非常重要的，為了進一步建立寵物食品的安全性，有成立相關團體，並訂定寵物食品製造時應有的營養與安全性標準。

雖然不同國家有不同標準與規定，目前世界上最具權威性的團體為 AAFCO（美國飼料管理協會）。該協會針對犬貓的發育／懷孕及維持期（成犬期／成貓期）所需的營養有最低需求及最高需求之標準、標籤的標示內容、原料的定義等訂定標準，並且會在必要時更新相關資訊。

而在日本，則設有寵物食品安全交易協會，負責推廣及教育寵物食品的安全性與品質改善。更進一步施行了《寵物食品安全法》，讓民眾更重視寵物食品安全性與品質改善的重要性。

寵物食品的製作方法

　　過去的乾飼料製作法，是利用類似烤餅乾的方式烘焙製造，現在則是使用專用的擠壓機（extruder），可以在短時間製造出大量的乾飼料或半濕食，這種方法稱為「擠壓技術」（extrusion），在擠壓機內加熱調理後，只要更換成型食切斷的模具形狀，就可以一次製造出各種不同形狀的飼料。此外，因為製作過程是以高溫（80-200°C）、高壓方式進行，所以雖然可以消滅微生物，但同樣的營養素也會流失，不足的營養素建議飼主們可以採用額外添加的方式來補足。

寵物食品的種類

　　寵物食品根據含水分的多寡與形狀的不同，分為「乾糧」、「半濕食」、「濕食（罐頭、餐包）」；根據用途可以分類為「綜合營養品」、「副食品」、「其他用途食品」。

　　「綜合營養品」則是一種符合 AAFCO，針對狗狗或貓咪因應不同生命階段的營養標準，且能讓寵物同時攝取到水及該種食品，適合作為每日主食的營養食品。

　　目前市面上販售的乾飼料全部都屬於「綜合營養食品」，但是，在罐頭或半濕食的商品中，卻大多不屬於綜合營養食品的商品。可是，

對貓咪而言，生食、半濕食、罐頭這類的食物會越來越被重視，因為貓咪天生不愛喝水，為了避免腎臟的損傷，我們藉由提供水分含量更高的食品讓貓咪多攝取水分。

其他用途食品則包括一般食品、副食品、營養保健品，除此之外，還包括輔助疾病治療的處方飼料，其中，副食品指的是點心或零食，包括肉乾、小餅乾或潔牙骨等產品。由於零食或副食品比較著重在適口性，故不可以當作主食。

不同生命階段適合的綜合營養品，分為幼犬幼貓、發育期、維持期、高齡期，目前市面上販售的寵物食品，甚至還將各個生命階段之寵物食品再依據環境、氣溫、活動量、是否結紮等不同「生活型態」之變化，細分為不同產品。此外也有適合所有生命階段的綜合營養品在販售，不過最好還是選擇該階段的，會有比較充分的營養。

根據不同含水量之寵物食品分類

形狀	含水量（％）	優點	貓
乾飼料	3-11	價格較低 開封後可在常溫下保存少量即可攝取到必須的營養	必須攝取充分的水分適口性好的飼料可能會造成貓咪肥胖
半濕食	25-35	費用較低 開封後可在常溫下保存適口性佳	內含大量單醣及防腐劑容易造成寵物肥胖
濕食 （罐頭）	72-85	適口性佳 可同時攝取到水分	開罐後很快會氧化費用較高

◆ 愛吃的食物＝好食物？ ◆

寵物食品的含水量不只會影響食物的形狀，也會影響到狗狗、貓貓的味覺。

感受味覺的感應器味蕾，對於水分越多且具有流動性的食物，越能強烈感受到它的味道，因此寵物食品的適口性是濕食最高，半濕食及乾飼料則較為一般。

飼主經常會以為「寵物愛吃的食物＝好的食物」，但他們愛吃的食物通常是含水量高的一般食物或是副食品，而非綜合營養食品，這很容易造成寵物們的營養不均衡，甚至缺乏。

總結來說，身為飼主的我們應該要知道，不能僅以寵物愛吃與否作為選擇寵物食品的標準，適口性和營養之間，還是要努力的取得平衡，這才是對毛寶貝們最好的選擇。

寵物食品的選擇要點

前面我們說過,寵物食品的種類很多,為了家裡的毛寶貝能夠健健康康的長大,每一個階段都能有幫助的寵物食品,自然是一件很重要的事,以下我為大家再詳細說明該怎麼選擇的原則。

寵物食品的包裝與標籤

寵物食品的包裝上,分為**主要標示欄**及**食品資訊標示欄**。

主要標示欄中,根據 AAFCO 規定,廠商有義務標示出「犬用或貓用之寵物食品用途」、「產品名稱」、「淨重」;而食品資訊標示欄中,則應標示出「保證分析值」、「原料名稱」、「營養合理標示、餵食方法、製造業者或輸入、販賣業者之名稱」等內容。

除了這些標示外,各家廠牌為了突顯自家產品的特殊性,也可另外登載更簡單易懂的內容,或其他不同目的的多樣化資訊,但不論任何資訊,均必須具有高度可靠性與事實根據。

在台灣的規定,根據《動物保護法》,寵物食品應以中文標注下列事項於容器、包裝或說明書上:

1. 品名

2. 淨重、容量、數量或度量應標示法定度量衡單位，必要時，得加注其他單位。

3. 所使用主要原料、添加物名稱。

4. 營養成分及含量

5. 製造、加工業者名稱、地址及電話。（輸入者並應加註輸入業者及國內負責廠商名稱、地址、電話及原產地。）

6. 有效日期或製造日期

7. 保存期限、保存方法及條件。

8. 適用寵物種類、方法及其他注意事項。

9. 其他經中央主管機關公告指定標示之事項。

　　對於寵物食品所為之標示、宣傳或廣告，不得有不實、誇張或易生誤解之情形。

▲ 食品資訊標示欄的詳細內容

寵物食品容器、包裝有下列情形之一者，不得製造、販賣、輸入、輸出或使用：

1. 有毒。

2. 易生不良化學作用。

3. 其他足以危害健康。

以上取自「行政院農業部寵物食品申報網」，法源：《動物保護法》第 22-5 條規定

幼犬幼貓飼料

幼犬的飼料主要是提供幼犬在成長階段能達到以下的目的：

☼ 生命階段目標

☼ 健康穩定成長

☼ 不生病

☼ 頭好壯壯

幼犬幼貓的關鍵營養因子

關鍵營養因子	關鍵作用
能量密度高	提供幼年動物健康成長所需的能量
蛋白質含量增加	建造身體器官組織不可或缺
增加但不超量的礦物質含量	肌肉成長與血球生成均需要蛋白質 促進強健的骨骼與牙齒發育
高消化率	幫助大腦及視力發育
高量的 DHA	幫助大腦及視力發育
優質的抗氧化配方	提升免疫系統、建立強健抵抗力

幼犬除一般的飼料外，可以另外再補充：

☀ DHA

DHA 為大腦、神經、細胞膜與視網膜的主要成分之一，動物體內自行合成的能力較低，所以必須從外界攝取來補充。

☀ 血清維生素 E

在幼犬和幼貓和大型幼犬都有臨床研究證實，血清維生素 E 濃度足夠，代表緊迫的氧化生物指標減少（Jewell et al, Vet Therapeutics 2000），對疫苗的反應提高（幼犬）（Khoo et al, Vet Therapeutics 2005）。

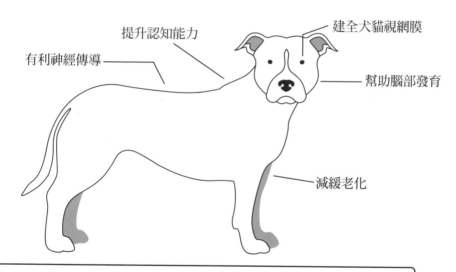

提升認知能力

建全犬貓視網膜

有利神經傳導

幫助腦部發育

減緩老化

犬貓無法自行合成 DHA，需額外補充
DHA 能夠維持腦神經健康、幫助延緩高齡犬貓的認知功能障礙問題

▲ 神經訊號傳導／腦部發育／視網膜的重要成分

大型幼犬飼料

　　大型犬的定義是指成犬體重大於 25kg，但要達到成犬體重需要較長時間，大約十八至二十個月，體型才逐漸穩定，若是快速生長會增加風險，在成為成犬之前，都稱之為大型幼犬；在此階段其骨骼疾病風險大於小型犬。

　　除了健康成長，頭好壯壯，我們還希望大型幼犬：

☼ 穩定成長
☼ 精壯結實、不過胖
☼ 避免骨骼發育異常

大型幼犬的關鍵營養因子

關鍵營養因子	關鍵作用
控制適當鈣、磷	避免發生發育性骨骼疾病
減少脂肪，控制的熱量	避免肥胖 幫助體重穩定成長（慢慢使之結實）
添加左旋肉鹼素	幫助脂肪轉換為能量 有助於肌肉結實、強壯

　　對大型犬幼犬而言，快速的成長速率，會使未成熟的骨骼承受過重的體重，會增加骨骼疾病的危險性。

幼犬與大型幼犬比較

	蛋白質 %DM	脂肪 %DM	鈣 %DM	能量 Kcal/ kg	千卡 / 杯
幼犬	32	22.9 ↓	1.48	3879	384
大型幼犬	31.3	16.8 ↓	1.20	3626	357

成年犬貓飼料

這個階段在選擇飼料上，目標是希望達成以下三點：

☼ 維持健康

☼ 符合生活型態

☼ 個體特殊需求

成年寵物的關鍵營養因子

關鍵營養因子	關鍵作用
熱量	依照個體活動狀態、絕育狀態 已絕育寵物、活動量低、肥胖傾向 要控制熱量攝取，預防肥胖
優質抗氧化配方	減少細胞氧化傷害 增強免疫系統、建立健康抵抗力
蛋白質	避免過度的蛋白質攝取， 滿足身體的蛋白質需求後，多餘的蛋白質沒有任何益處

適當、均衡的鈣和磷	過量的鈣可能引起膀胱結石 磷攝取量過高會導致腎臟疾病惡化 * 高動物性蛋白質的食品，通常含磷量也非常高
必需脂肪酸	維護皮膚健康，增加毛髮光澤 皮膚敏感、乾燥的犬貓，增加食品中Omega-3 和 Omega-6，可以滋潤皮膚
左旋肉鹼素	幫助脂肪轉換為能量，維持健康肌肉量 大型犬、室內活動、肥胖傾向犬貓食品應添加左旋肉鹼素，幫助維持理想體重
纖維	對於肥胖動物，纖維可以提供飽足感 纖維促進胃腸道蠕動，幫助貓處理毛球的問題 胃腸敏感的動物，可溶性纖維可以維持良好的腸道環境
食品的質地	若纖維經排列後，具有特殊構造，其功能與牙刷類似，可以減少牙菌斑及牙結石
葡萄糖胺與硫化軟骨素	增強關節健康和活動力

　　絕育後貓咪對蛋白質的需求降低至 24-33%，能量需求大量的減少，因此為了保持健康，防止營養不均衡，絕育後貓咪應重新計算食物餵食量。

老年犬飼料

　　老年犬身體的健康狀況大多不盡理想，因此，我們在選擇飼料時，希望達成以下生命階段目標：

☼ 延長壽命
☼ 維持最佳生活品質

高齡動物的關鍵營養因子

關鍵營養因子	關鍵作用
蛋白質適量減少 礦物質適量減少	提供高齡寵物所需的均衡營養 避免過度的攝取而造成器官的負擔
優質抗氧化配方	減少細胞氧化傷害 增強免疫系統、建立健康抵抗力
熱量減少	高齡動物活力降低，需求減少
增加葡萄糖胺及硫化軟骨素	幫助維持健康的關節 增加關節靈活度

寵物食品的選擇方法

先和大家分享一個小故事。

有一位主人養了很多隻「惡霸」，但每一隻都瘦到不僅可以看得見肋骨，就連肚子都是凹下去的，問主人平常到底都給他們吃甚麼？主人說，不久前為他們換了素食的飼料，但狗狗都吃多少、拉多少，最近正想要再換回原本的飼料。至於為甚麼要換素食的飼料？答案竟然是「比較便宜」！

「比較便宜」當然也不是不能成為換飼料的原因，但真正為寵物們好的話，我們該知道的是「寵物食品應該要怎麼選擇」才對。所謂便宜的飼料是真的便宜還是騙人的呢？要從哪些指標去確認這款飼料或罐頭是價格合理且健康的呢？

以下我會提出幾個飼主在選擇飼料時可以注意的點，並且在最後教大家如何計算飼料成本，才不會被價格所蒙蔽。當大家都學會如何計算飼料成本後，你可能會發現，不一定便宜就是好，有時看起來貴的飼料反而比較划算喔。

寵物食品的包裝與標籤

挑選寵物食品的方法，按照以下幾個重點去挑選會是對家裡毛寶貝最好的方式喔！而第一項要教大家的就是看懂包裝上的標籤。

1. 確認是否為狗狗或貓咪專用的綜合營養食品

飼主應該挑選狗狗或貓咪的綜合營養食品作為每日的主食，雖然罐頭或餐包的外觀看起來相似，但其實其中有很多並非綜合營養品，特別在貓咪很常見！因此購買飼料之前需要確實閱讀標籤內容，若是長期把非綜合營養品當作主餐讓家裡的毛寶貝們吃，不僅對健康會有不良的影響，甚至可能會生病！！

2. 確認標籤上的用途標示

室內專用、體重管理、小型犬專用……每一種類型的寵物，或每一種年齡階段的寵物，都有其相對應的配方與機能性的成分，然而，面對貨架上形形色色的寵物食品，是不是真的要完全按照上面的標示來做選擇的標準呢？

答案是「不一定」！因為之所以分得這麼細，不可否認其中是有商業性的考量，區分得越細，價格的波動越大，所以，我會建議還是從成分下手，例如，適合幼犬的、適合成貓食用的營養成分……總之，應該要為寵物選擇適合其目前生命階段或生活型態之營養需求產品。

3. 認明產品名稱

狗貓飲食中，蛋白質的來源是最重要的，以 AAFCO 的規定來說，比較常見的為 25％原則，也就是佔了所有原料 25％以上比例的原料可作為產品名稱。例如原料中雞肉佔了 25％以上，產品名稱為「雞肉」，特別要注意的是，在食物過敏的寵物，如果只依照產品寫的名稱去判斷是不準的，因為很有可能飼料內有其他的成分會有引發過敏的蛋白質存在。

4. 確認所使用的原料成分

　　從原料標示中，確認蛋白質的來源、碳水化合物來源、脂肪來源與膳食纖維來源有哪些成分。三大營養素構成了寵物食品的能量來源，而膳食纖維攸關著食物的消化性與吸收性。尤其是蛋白質，對於肉食動物來說，可是非常重要的營養素。一般來說，動物性蛋白質相對於植物性蛋白質，更容易消化與吸收，因此如果該飼料或罐頭，將動物性蛋白質料在原料成分的第一項和第二項，代表這是比較高品質的綜合營養素。

5. 確認保證分析值

　　透過保證分析值可以了解該產品的營養組成或營養特性。

　　要知道寵物食品的營養組成就要確認其粗蛋白、粗脂肪、粗纖維、粗灰分及含水量。「粗」表示使用的分析方法不同，而非只營養成分的品質。

　　飼料上應該標示粗蛋白質、粗脂肪、粗纖維、粗灰分及水分五種成分，其中，粗蛋白質與粗脂肪應標示為多少百分比（～％）以上，其他則為多少百分比以下。

　　以下會針對這些專有名詞來做解釋。

a. 粗蛋白（～％以上）

　　我們常常在飼料袋上面看到「粗蛋白」，粗蛋白（Crude Protein），簡稱 CP，粗蛋白＝真蛋白質＋非蛋白質含氮物，會如此命名，是因為在常規的寵物食品分析中，測量蛋白質的方式，通常是

以「檢驗食物中的氮含量」來進行。由於脂肪、碳水化合物、纖維都不會有氮，所以用這種方式量測到的氮含量，就會「大致」等同於蛋白質的含量囉！

「蛋白質」是構成犬貓身體組織所必需的元素，大至肌肉組織、骨骼，小至牙齒、毛髮、角質……甚至在細胞中都有，是維持生命不可或缺的重要組成！所以 AAFCO 規定標示方式為「～％以上」。發育期的狗狗蛋白質最低需求量為 22.5%（DM）、貓為 26.0%（DM），維持期狗狗的蛋白質最低需求量為 18.0%（DM），貓為 26.0%（DM），因此綜合營養食品的配方都會去符合這項需求。

然而當寵物身體的消化吸收率較差（＝排便量較多）時，或是攝取量較少的時候，有時會無法從飲食攝取到必需的蛋白質量，因此挑選飼料時，請選擇維持期的狗狗最好能在 23% 左右，發育期的狗狗應該在 27% 左右，貓咪在所有生命階段最好在 30% 以上的蛋白質。

b. 粗灰分（～％以下）

其中有一個比較特別的是「粗灰分」，「灰分」是甚麼？所謂的灰分，指的是物質在燃燒後從殘餘灰燼中測定到的礦物質成分含量，來自於英文中的「ash（灰燼）」，簡單說就是飼料烹調過程中留下的殘留物。

灰分可以被過濾掉，但有些灰分已經完全融入飼料食品中，成為飼料的一部分，**這項數值在寵物食品中一般作為「鎂」的含量指標。特別在鎂含量高的寵物乾飼料，在飲水量較少的狗狗或貓咪身上，經常會引發尿路的磷酸胺鎂結石，因此確實掌握飼料中的灰分含量，對**

於結石的預防或防止復發是十分重要的，對已經有結石症狀的毛孩來說，更是必須要注意避免含有灰分，才能避免結石症狀的惡化喔。

然而，由於 AAFCO 並未規定一定要標示出灰質含量，所以有些寵物食品不會標示出來，那我們又該怎麼避開呢？這裡提供一個小原則給大家參考，那就是**儘量避免選含穀類或豆類的寵物食品**，這是因為穀類或豆類的外殼部分含有豐富的鎂，若是含有較多這一類原料（排在原料成分中的前面）的產品，通常灰分含量就比較高，除此之外，大多數優質的乾飼料其灰分含量大約也有 7％左右，飼主們還是要注意。

c. 粗脂肪（～％以上）

AAFCO 規定粗脂肪標示為保證含有最低含量分別為：發育期的狗狗 8.5％（DM），貓咪 9.0％（DM），維持期狗狗 5.5％（DM）、貓咪 9.0％（DM）。

由於脂肪的吸收率比蛋白質或碳水化合物還要高，即使食物的總能量相同，其中若源自脂肪的能量較多，寵物的體重還是會比較容易增加。

雖然高脂肪含量的寵物食品具有適口性佳、餵食量少即可滿足能量需求的優點，但另一方面也有些犬貓無法耐受高脂肪的食物，因此在綜合營養食品（乾飼料）的保證分析值方面，發育期的狗狗最好為 18％左右，維持期的狗狗為 15％左右，至於貓咪在各階段都最好含 20％左右。

d. 粗纖維（～%以下）

寵物食品實際的纖維含量，通常會比包裝上標示的還要多，這是因為水溶性膳食纖維在纖維萃取過程中已溶解的緣故，因此所標示出的纖維含量，可把它當成纖維素的含量。屬於不溶性膳食纖維的纖維素能促進腸道的蠕動，具有促進排便的功能，因此會影響寵物的排便次數和量。一般來說綜合營養食品的纖維含量大約在 3-5%左右。

不過根據纖維的種類或動物的個體差異，腸內環境適合的纖維量也會有所不同，若飲食中的纖維含量過高超出所需份量會使蛋白質或是鈣質等營養素吸收率下降，對貓咪而言適口性也會下降，造成食慾不振或便祕的狀況。

e.™ 水分（～%以下）

水分會影響營養濃度與適口性，水分越多適口性越好，因此，在比較不同產品的營養濃度時，都以乾物質（DM：Dry matter）來比較其所能提供的營養素與能量就可以了。

而保證分析值（成分分析）中所寫的百分比，指的是餵食時（As：As fed）的含量，因此也包含水分在內。所以如果是將適用於同一種生命階段或生活型態的寵物的乾飼料與濕食拿來比較的話，就會發現乾飼料含有較多營養。對於不知道這點的主人可能會認為濕食營養不夠，再額外添加給寵物食物，其實是不需要的，因為這樣會造成寵物肥胖。

所以在挑選寵物食品時，必須對其營養濃度與性價比列入考量。

◆ 寵物食品中的乾物量（DM）◆

當保證分析值中所標示的粗蛋白質為 24% 的時候，就表示 100% 中含有 25%，也就是 100 公克中有 25 公克的意思，所以含量比率的計算方式為 25 公克 ÷100 公克 x 100 ＝ 25%

乾物質指的是從 100% 扣掉含水量後的全體重量，所以若含水量為 10% 時，乾物量中的含量比率為 25÷（100-10）＝ 27.8%

總結來說，乾物質的算法，可利用保證分析值（%）÷（100- 含水量）x 100 計算出來。

f. 代謝能量（ME kcal ／ 100g）

在寵物食品的標籤上，會標示出每 100 公克食品的 ME（代謝能量）為「400kcal ／ 100g」之類的訊息。

這裡所寫的「代謝能量」是指排除掉排泄到糞便中或尿液中的能量後，身體實際利用的能量，所以可以作為消化吸收率的標準。換句話說，當兩種寵物食品的保證分析值相同但代謝能量不同時，代謝能量高的商品其消化吸收率也比較高。

此外，代謝能量高的寵物食品一般來說建議的餵食量也比較少，乾飼料的代謝能量標準為：發育期狗狗是 400 大卡（DM）左右，貓

咪是 450 大卡左右，維持期的犬貓是 350-400 大卡（DM），因此更適合食量較小的貓或小型犬，有些獸醫師會建議飼主儘量購買代謝能量高的寵物食品，雖然表面上看起來價格較高，但實際的飼料成本其實是差不多的。

◆ 寵物食品的總能量計算 ◆

碳水化合物、蛋白質、脂肪的能量換算並非以 4 大卡、4 大卡和 9 大卡去換算，而是 3.5、3.5 和 8.5 大卡。這是因為寵物食品所使用的原料的生物價與人類食品有差異，所以要採用以上的方式來計算。

性價比

性價比是評估商品價格與價值的一種衡量標準。雖然貴不一定是最好的，但是還是要避免太過便宜的東西，就像我們前面舉的例子：不知情的主人買了便宜且沒有營養的素食飼料給屬於肌肉量很多需要長肌肉犬種的惡霸吃，對寵物來説，他們沒有選擇飼料的權利，一般都是飼主餵甚麼，他們就吃甚麼，這次幸好主人有及時發現異常，及時更換成比較營養的飼料，惡霸才能在最短的時間內恢復健康。

由於飼料可能會吃一輩子，所以最好的方式是在經濟許可的情況下，挑選最能維持犬貓健康狀況的寵物食品。

但好的飼料到底應該怎麼挑選呢？我想這應該是會看這本書主人最想知道的事情吧！如何挑選性價比高的飼料呢？除了我們需要比較商品的營養成分、使用原料及代謝能量等內容之外，還要比較每天花費的費用。

範例：

價格與餵食量

	價格（1公斤）	餵食量（1天）	一餐成本
A	250 元	80g	250 ／ 1000x80 ＝ 20 元
B	230 元	95g	230 ／ 1000x95 ＝ 21.9 元

每個月成本？

A: 20 x 30 天＝ 600 元

B: 21.9 x 30 天＝ 657 元→多 57 元

一整年的成本？

A: 600 x 12 個月＝ 7200 元

B: 657 x 12 個月＝ 7884 元 →多 684 元

▌飼料上的其他標籤資訊

強調性的圖片：許多寵物食品會標示「新產品、新風味、熱量控制、國產品、無添加」等字樣來提高飼主的購買慾望。

寵物食品的顏色：很多貓飼料會用的彩色的，來增加飼主的購買慾望，但狗狗和貓貓都是嗅覺的動物，所以食品的顏色是沒有這麼重要的喔！

　　國產品：最終加工國家是本國的話會寫國產品，但原料和原產地並未限制一定要在國內。

天然、有機、全方位等用語

　　＊這些用詞並不代表寵物食品的安全性＊

　　添加物：寵物食品中為了營養成分的調整、保存、安全性及適口性等目的會需要添加各式各樣的添加物，而這些化學合成的添加物不一定健康，而天然合成的添加物也不一定安全。例如在半濕食產品或零食產品中，為了增加食物的保濕性，便會添加丙二醇，但丙二醇會導致貓咪貧血，便不適用於貓商品上，飼主在選擇寵物食品前，還是必須做點功課，注意購買的寵物食品中是否有添加狗狗或貓貓不適用的成分，千萬別因為其中添加的某種成分，導致寵物的健康受到損害。

　　另外，寵物食品的添加物中，安全性是最重要的，影響安全性的因子有氧氣、水分及溫度。含水量高且容易接觸到氧氣的半濕食中，添加物是最多的；乾飼料中雖然含水量低，但也容易接觸到空氣，添加物僅次於半濕食，至於濕食，因為是密封後以高溫煮沸消毒，幾乎沒有添加抗氧化劑或抗菌劑，唯一要注意的是開封後必須儘速吃完，否則會因為接觸空氣而產生變質。

　　有效日期：這裡是指食品在未開封狀況下的保存期限，一旦開封，還是必須儘快食用完畢。

寵物食品的餵食方法

寵物食品的餵食方法主要分三種：**自由任食法、定時餵食法、定量餵食法**。

狗狗有一次吃下大量食物的食性，而貓咪則比較喜歡少量多餐的進食方式。然而，這些習慣都是可以改變的，因為跟著人類生活不能不改變。

一般會建議飼主，不論是狗狗還是貓咪都可以使用一天兩次、定時定量的餵食法。特別是食慾旺盛的胖貓咪，放多少吃多少，很容易不小心吃太多，定量餵食便可以控制體重有益於減肥。但如果是瘦瘦的貓咪就可以考慮讓他吃 buffet ！另外注意，對於需求高的懷孕期、發育期或疾病的恢復期的動物，增加餵食次數可以促進食物的消化及吸收，提供足夠的營養與能量。

這種「少量多餐」的餵食方式對高齡期或減重時期的飲食管理很有益處，一般進行的方式是將「每日能量需求量（DER）」除以餵食次數，讓每次的餵食量提供最大的需求能量。

餵食量

談到餵食量，這裡要和大家分享一個小故事。

之前有一隻柯基犬，因為脊椎相關的問題，要讓飼主幫她減肥，問飼主：「平常都給你們家狗狗吃甚麼？」飼主：「就一碗飼料啊！」我心裡想：「吃這麼少，怎麼還是這麼胖呢？難道她就是傳說中的那種呼吸就會胖？」後來才發現，他說的「一碗飼料」指的是正餐時吃一碗飼料，但是他沒告訴我的是，正餐外他還有給狗狗吃點心和宵夜，也忽略了偶爾家裡的其他長輩會「分享」自己在吃的食物給她……正是因為這些「額外」的食物，才造成柯基無法瘦下來。

看到這裡，大家可能更想問，像這種除正餐外，還外加些「零零星星」非正餐的餵食，餵食量應該怎麼計算？

雖然正常的飼料上面都會標注建議的餵食量，但由於每項產品在「靜止能量（RER）」需求量所使用的係數並不相同，因此這個建議餵食量並不是絕對的。也因為這個原因，針對不同的動物，每天的餵食量（公克）應該以 DER ÷ 代謝能量（MEkcal ／ 100g）x 100 計算出來。當然，零食和其他食物也要含在裡面，所以餵食的時候，其中DER 的 90% 要來自綜合營養食品，剩下的 10% 則可由其他食物提供。以這種計算方式，便可以在不破壞主食營養均衡的情況下，又能將體重控制在適當的範圍。

犬貓不同階段需要的食量

幼貓	250Kcal ME/Kg 體重
成貓	130Kcal ME/Kg 體重
高齡貓	100Kcal ME/Kg 體重
孕期貓	1.25* 成年維持 ME
哺乳貓	3~4* 成年維持 ME

未結紮幼犬	RER * 1.6~3
未結紮成犬	RER * 1.6~1.8
已結紮成犬	RER * 1.4~1.6
肥胖或少動犬	RER * 1.0~1.2（以理想體重計算）
過瘦犬	RER * 1.2~1.8（以理想體重計算）
高齡犬	RER * 1.1~1.4
孕期犬	RER * 1.6~2.0
哺乳犬	RER * 1.0

餵食技巧

在醫院裡，經常遇到各種不同類型和個性的飼主與動物，有些動物很特別，需要用哄的才會吃飯；有的則是需要一直摸肚了才願意吃飯，這些就是所謂的餵食小技巧。

餵食時不是把食物拿給動物吃就好，分享一個很特別的例子。

之前在動保處工作，有一隻貓意識和其他狀況都還算正常，但身體有點殘缺，只能歪著頭側躺著，無法自行移動身體，以往餵食時，大家都會把飯儘量放到離貓近一點的地方，但有一天，一位新來的弟弟負責放飯，沒注意到貓貓的狀況，隨手把飯往籠子口一放就離開了，結果貓貓只能眼巴巴的看著眼前的飯，卻無法移動身體去吃，直到我巡看時發現，才趕緊把飯拿到他的面前，他立刻狂吃了起來，真的是餓了。

事後，我也和放飯的弟弟說了這樣的狀況，之後便再也沒發生這樣的事，貓貓也越來越健康了。

倘若真的要說甚麼是最好的餵食技巧，其實也不太難，就只是「用點心」而已，用心去觀察寵物的習性、動作，甚麼時候、甚麼動作、甚麼狀況下，他們會開心、會吃得比較多；甚麼樣的食物才適合他們吃……而這些，就是飼主們的用心，只要用心，寵物們就一定會加倍奉還的。

簡單說，餵食不單單是拿食物給寵物吃，對於咀嚼力比較弱的狗貓，不適合給予大顆粒又偏硬的乾飼料，要改成顆粒小且易咬碎的；對於飲水量少的狗貓，濕食就比較適合他們，但由於濕食的成本比較高，我們可以使用乾飼料泡軟的方式（水＝1：1～1：2），且不是只有表面泡水，必須連飼料內部都要浸泡到，等全部泡軟才給狗狗貓咪吃。

為甚麼一定要全部泡軟呢？因為假如只有表面泡軟，就會有點像是我們常看到的「茶泡飯」，水及飼料基本上還是分離的，這會造成胃液濃縮稀釋，使營養素的消化吸收率下降。至於泡飼料的水可以用溫水或冷水，千萬不要用熱水，熱水會破壞營養素或產生氧化作用，此外，把飼料用果汁機打碎，則可以減少泡水的時間，更容易將飼料溶解。

▋ 餵食場所

想一想，一般我們會傾向在哪種地方吃飯，應該是安靜、舒服、沒人打擾的地方吧？對，一樣的道理，狗狗貓貓也是，請選擇靠牆或是角落處，若同時飼養多隻貓咪或狗狗，最好在不同的房間、籠內，或不同高度的地方，分開準備食物，才能確保每隻動物攝取到足夠的營養與能量。

之前有遇過一位養了三隻貓咪的飼主，他將三隻貓養在同一個籠子裡，原本也相安無事，但有一陣子，其中一隻因為牙齒痛，飼主放的飼料都不太吃，因為同一籠子裡，還有另外兩隻貓，當他們吃完了自己的飼料後，轉頭就將牙痛貓的飼料也一併吃掉了，沒幾天牙痛貓就越來越瘦了，後來建議主人將三隻貓咪分開關，才確定了貓咪的進食量，別看這小小的動作，卻可以幫助醫師更快速的了解寵物們的病情。

▋ 轉換食物的方法

很多飼主有替寵物換飼料的習慣，有時是因為原本吃的飼料停產或斷貨；有時則是價格考量，當然，隨著寵物成長到另一個階段，寵物也有可能必須面對更換飼料的狀況。

但，飼主們可能不知道，在幫寵物轉換食物的時候，通常會建議以一週到十天的時間慢慢轉換，突然轉換食物會使動物消化道不適，可能會出現下痢等症狀。

一開始飼主們可以讓**新／舊飼料**以**四分之一／四分之三**的比例來調配；經過一段時間，就可以改成新／舊飼料各一半，若寵物們沒有不適應或味口變差的情況，新飼料就能再調整為比例中的四分之三，整個轉換飼料的過程中，飼主們可以仔細觀察寵物們的進食及身體狀況來決定每一階段的時間長短，只要寵物在每一階段中，都適應良好，身體沒有不適，新飼料就能完全取代舊飼料了。

不過，在轉換飼料時，不僅是要看寵物喜不喜歡吃，還要特別注意的是，每款飼料一克中所含的熱量可能都不一樣，所以在確定要轉換前，就應該要算清楚應餵食的量，此外，貓咪比較有個性，新舊飼料混在一起，可能都不吃，可以舊的放一碗，新的放一碗，就看他要不要賞臉了。

▌飼料的正確保存方法

開封的飼料最好放在密閉的保鮮盒內，避免陽光曝晒，濕度必須控制在低濕度；溫度也不宜太高。罐頭和濕食都建議要冰存於冰箱，2-3天使用完畢，高營養的 ICU 也是 48 小時食用完畢，如果還沒灌食完，也建議丟棄。

◆ 無穀飼料的迷思 ◆

　　首先先定義何謂「無穀飼料」，顧名思義，不使用穀類，理念是回歸自然，因為狗狗的食性是不需要穀類而製造出來的商品。另外還有可以防止食物過敏一說，但研究證明食用無穀飼料並不會降低過敏，因為過敏的原因實在太多，大部分過敏源都以蛋白質為主，所以如果是因為怕自己家毛寶貝食物過敏而選用無穀飼料，大可不必。雖然這類的飼料大多不使用米、小麥、玉米，但是並不代表完全不用碳水化合物，而是使用馬鈴薯、豆類、水果、蔬菜。一般來說，這類的產品大多是高蛋白、低碳水化合物，建議的餵食量通常比一般綜合營養品還要少，如果飼主比照以前的餵食量會導致蛋白質攝取過量而造成肝臟的問題，也有研究指出，食用無穀飼料會增加犬擴張性心肌病的風險，真要選用，請選用大品牌其營養有符合標準的飼料會比較有保證。

關於寵物食品的便利小知識

▌一般食品、營養補充食品、熱量補充食品、副食品

這些食品都是與綜合營養品併用的其他用途食品，一般來説具有高蛋白質、低脂肪、磷或鈉的含量較高等特徵。

其中，雖然高蛋白質的食物很適合貓咪，但若是高蛋白低脂肪的食物，貓咪就有可能無法從食物中攝取到足夠的能量。而在狗狗方面，會跟主食一樣餵太多，導致蛋白質攝取過量，若是以增加飼料的適口性為目的，理想狀態以 DER 的 10％比例混合在綜合營養食品中餵食。

不過這些食品因為包裝大小和種類非常豐富，有些甚至是有價格上的優勢，所以有不少貓咪的飼主會將這類商品做為主食。

營養保健食品

不知道大家有沒有補充營養保健品的習慣，我的想法是，由於飲食常常是依照個人的喜好，所以營養不均衡很常見，適當的補充營養食品對於健康的益處是利大於弊的。

但在寵物而言，符合標準的飼料內就有足夠營養了，但如果是一些機能相關的，例如顧關節的、泌尿道的、或是腸道的益生菌等，是可以適當的補充，如果補充持續三個月的時間都沒有看到明顯的效果，則可以先暫停並觀察動物是否有異樣，如果沒有，則可以不要補充此營養品。

不同生命階段的營養管理

狗貓的生命階段，大致上分為懷孕期、泌乳期與發育期（幼犬期、幼貓期）、維持期（成犬期、成貓期、成年期）以及高齡期（老年期）。而每個生命階段需要的營養素成分、比例及每日能量需求量都不相同。

尤其懷孕期、泌乳期及發育期，所需要的營養素及能量要比其他生命階段更多，因為這些營養及能量不只用於維持身體正常運作，還需要供應組織發育的需求。此外，身體在不同的生命階段中消化與吸收能力不同，所以當飼主在選擇寵物食品時，一定要考量到不同的生命階段。

懷孕期、泌乳期

分享一個好笑的故事，之前在動物醫院，有一位主人帶了他們家一隻很高貴的阿富汗獵犬，他真的把狗狗養得很好，不僅是給狗狗極舒適的環境，且平常都給他吃最高級的食物，但是，狗狗一直無法順利懷孕，後來，他把狗狗賣給了另一位主人，另一位主人就沒有他這麼「講究」，選擇一般狗狗就能吃的飼料，每天帶狗狗散散步，運動一下，一段時間後，狗狗雖然變瘦了，但健康狀況卻沒有影響，最主要的是，狗狗順利懷孕了。

主人知道這個消息後，簡直氣死了，但事實其實就是這樣，動物如果過得太安逸，就不會有繁殖的慾望。

　　體態評分（BCS）正常的狗狗或貓咪才適合懷孕，如果體重不足要等體重增加到理想體重，這樣寶寶才會比較健康。

　　懷孕後，隨著胎兒的成長，母體的營養需求也會上升，狗貓懷孕週期都大約是 63 天（九週），狗狗在懷孕初期到中期的胎兒的體重只會增加 30％左右，所以狗媽媽的體重並不會有明顯變化，因此這個時期給予懷孕前的維持能量需求量即可。

　　懷孕的第七週起，胎兒的體重會急遽增加，所以此時狗狗的 DER要增加到維持能量需求的 1.5 倍（請見 56 頁的表）；貓咪則是從懷孕後，胎兒就會馬上開始發育，所以貓媽媽的體重也會開始增加，因此從懷孕到分娩期間，要慢慢增加為維持能量需求的 1.5 倍。

　　然而，由於一天只餵兩餐，有時無法攝取到足夠的營養，這種情況下要選擇高熱量、高消化性、高適口性的發育期專用（高營養）寵物食品，以少量多餐的方式餵食，可防止消化道症狀的發生，並能提供足夠的營養與熱量。

　　分娩後的狗狗雖然體重會明顯下降，但必須將他們的體重控制在懷孕前理想體重的 5-10％的狀態；至於貓咪大約在懷孕中增加體重的40％左右，在分娩後體重只會減少懷孕期體重的 40％左右，之後則慢慢恢復成懷孕前的體重，並在第七到第八週後漸漸恢復成原來的體重，但又會在泌乳期間逐漸減輕。

　　狗媽媽、貓媽媽在泌乳期間的能量需求會因幼犬、幼貓的體型及

數量而異，一般需要維持能量需求量的 2.5-3 倍的能量，直到分娩後第七到第八週的離乳期之後，才會慢慢減少至維持能量需求量的 1.25 倍左右。

哺乳期、離乳期、發育期

犬貓的發育期可以分為出生後二到三週齡之前的哺乳期、七到八週齡前的離乳期，以及之後成為成犬或成貓之前的發育期。

這三個時期是打造身體基礎的重要時期，除了維持身體正常運作之外，由於各個組織與細胞正在發育，所以需要比維持期更多的蛋白質、脂肪、鈣質或磷等礦物質，以及 EPA 或 DHA 等物質，是所有生命階段中營養需求最高的時期，另一方面，由於身體還未發育成熟，所以也比較容易出現低血糖、低體溫或脫水情形。

發育期的飲食管理，除了要提供充分的營養與能量外，餵食方法與環境方面的管理也要特別注意，適宜的溫度，不宜太冷或太熱。

由於體重增加是發育正常的指標，所以要定期為他們量測體重。狗狗的體重增加率計算公式為：**每天增加 2 ～ 4 克／體重（公斤）／天 × 成犬預估體重（公斤）**。

【範例】

一隻拉布拉多成犬的正常體重大約是 30 公斤，因此幼年期體重應該如何計畫呢？套入上面的公式算算看：

2~4g /（kg/day）X 30kg=60~120kg / day

所以狗狗一天可以增加 60g～120g 的體重！而貓咪則是一星期可增加 50g～100g 的體重。

　　出生後的第一週，體重會藉由吸奶而約增加至兩倍，到第二～三週時則會成長為出生時體重的三倍左右。幼犬或幼貓藉由喝到媽媽在分娩後兩天內分泌的乳汁（初乳）來獲得抗體，以免於受到傳染病的侵襲。餵奶次數在出生後一週齡前為每天 8-12 次，之後雖可讓餵奶次數逐漸減少，但至少一天也要餵乳 3-4 次，哺乳除了讓幼年動物獲得營養及免疫力之外，也有防止脫水及安定情緒的重要功能。

　　「可是醫師，像那種路邊撿到的小貓，根本看不到母貓的蹤影，怎麼判斷該給他吃甚麼、吃多少呢？」如果是這樣的狀況，建議可以使用市售的寵物奶粉來餵，例如貝克奶粉，這一類的產品內含幼犬幼貓未成熟身體無法在體內合成的營養素，且營養的成分比例也有考量到他們的消化吸收能力。

　　要特別注意的是，狗狗或貓咪乳汁的營養成分中，蛋白質及脂肪都比牛奶還高，乳糖則比較低，若只是餵牛奶的話，會造成營養及能量不足，而且會引起下痢。因此，在進行人工哺乳時，可利用滴管或奶瓶，並用幼犬（幼貓）吸吮母奶的姿勢抱起他們，不是仰躺的姿勢，比較偏向站立，仰躺很容易嗆到。

▲ 不能把貓倒過來仰躺餵，正常直立餵奶比較不會嗆到。

　　由於幼年動物的胃容量很小，幼犬一次的餵食量約為 10-20ml，幼貓則為 3-10ml。另因為他們無法從狗媽媽和貓媽媽那邊的乳汁得到移行抗體，所以比較容易得到傳染病，務必注意生活環境的衛生。除此之外，狗媽媽和貓媽媽會藉由舔舐來協助排糞和排尿，小狗小貓藉此來獲得安全感，故須要透過人工來滿足他們的生理需求。

犬貓從孕期到發育期的飲食管理原則

懷孕期／泌乳期

　　只要飼主有提供充分的優質寵物食品，且他們也都有順利進食的情況下，並不需要額外補充營養保健食品，這個時期若是補充過多的鈣質或礦物質等營養保健品，反而會引起胎兒畸形及軟組織鈣化的情形。

　　如果泌乳期過後的離乳期還大量分泌乳汁，有很大的機率會引起乳腺炎，需要將餵食量改回懷孕前的維持能量需求量。

離乳期

　　幼犬或幼貓大約出生後兩個月後，便可以開始給予一些以離乳期的飼料泡軟或是嬰兒食品，代表原來來自乳汁中的營養素開始轉變為來自肉類、澱粉或植物性脂肪等營養供應來源，對於這個劇烈的變化過程，飼主須要非常小心，才能避免消化道症狀。

　　餵食離乳小狗和小貓可以使用媽媽正在吃的飼料加入發育期專用飼料，取少量攪拌成糊狀後（RERx3 的 1/4 量左右）餵食，同時，為配合離乳時間，需漸漸減少喝母乳，餵食一天五到六次，並在 20-30 分鐘後就將碟子拿走。

　　離乳標準一般約在第七～八週齡，六週齡前讓幼年動物離乳，可能會造成營養不良或行為問題。

發育期（八週齡～）

　　小型到中型犬與貓咪約在四個月齡大的時候、大型到超大型約在五個月大的時候，其體重會達到成犬（成貓）預估體重的 50％，之後體重增加的速度會減緩，小型犬約在八個月齡左右，幼貓約在十月齡左右時，體重到達成貓或成犬時的水準。不過由於骨骼和肌肉組織還在發育過程，因此理想狀態為持續提供發育期專用飼料直到十二月齡；而大型犬或超大型犬的發育期可長達十八個月到兩年，在這個期間應該儘量使用發育期專用飼料。

　　發育期專用飼料在製作時特別提高了飼料的消化性，能輔助未成熟的消化器官及肝臟作用，讓身體獲得充分的營養與能量。大型犬用的發育期飼料中，所含的熱量及蛋白質、脂肪、鈣質和磷等營養素之含量和小型犬的發育期飼料相比都設計的比較低，這是為了幫助大型

犬的幼犬能適度地發育，避免他們因為發育太快而造成骨骼異常或發育不全，這是特別要注意的，所以大型犬也不建議添加過多的鈣粉在飼料中。

發育期的 DER，一般可用出生後二～四個月前之體重的「RERx3」計算出來，不過由於個體差異的關係，當餵食過多時幼犬或幼貓可能會有軟便的現象，這個時候，可從 RER 的 2.5 倍開始，並觀察幼犬或幼貓是否吃的完飼料、排便有沒有問題、體重是否有增加等現象，再調整他們的餵食量。

之後到了四～五月齡時，一旦體重增加的速度降至身體能量的 RERx2.5 ～ 2 倍時，必須重新計算他們的能量需求量。此外當幼犬或幼貓的體重達到成犬成貓的體重 80％以上，就要改用當時體重的 RERx2 ～ 1.8 倍來調整他們的餵食量。不過由於這些計算方式都只是參考標準，飼主還是要依照動物的狀況去調整。

而在餵食，少量多餐的方式可以幫助吸收與消化，四月齡左右前每天餵食三到四次到六月齡可以改為每天兩到三次。

◆ 犬貓的牙齒生長 ◆

為甚麼要了解犬貓牙齒的生長時程呢？這是因為了解了犬貓的牙齒生長時序，才能了解甚麼時候可以開始餵食固體飼料，以下兩張圖是犬貓齒大致的生長時序，飼主們可以參考一下：

貓咪

未成熟貓，還有乳齒 2x（I3 ／ 3, C1 ／ 1, P3 ／ 2）＝ 26 顆

成熟貓，恆齒 2x（I3 ／ 3, C1 ／ 1, P3 ／ 2, m1 ／ 1）＝ 30 顆

乳門齒（deciduous incisors）：2-3 週齡

乳犬齒（deciduous canines）：3-4 週齡

乳前臼齒（deciduous premolars）：3-6 週齡

恆門齒（permanent incisors）：3-4 月齡

恆齒完成：5-6 個月大

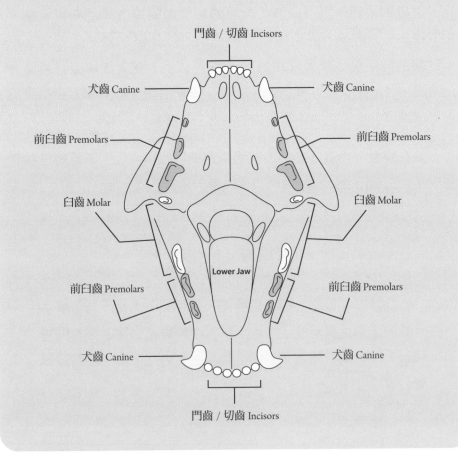

狗狗

未成熟犬，還有乳齒 2x（I3 / 3, C1 / 1, P3 / 3）= 28 顆

成熟犬，恆齒 2x（I3 / 3, C1 / 1, P4 / 4, m2 / 3）= 42 顆

乳門齒（deciduous incisors）：3-4 週齡

乳犬齒（deciduous canines）：4-5 週齡

乳前臼齒（deciduous premolars）：3-6 週齡

恆門齒（permanent incisors）：3-4 月齡

恆齒完成：5-6 個月大

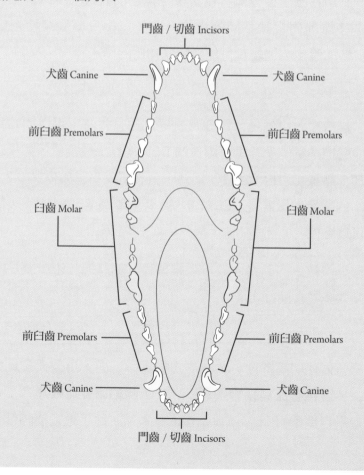

發育期的零食

寵物在發育期間食慾非常旺盛，看著毛寶貝們渴望的眼神，飼主會捨不得一直想餵零食，等真的要吃正餐時，毛寶貝們已經吃不下了。千萬別抱著「反正有吃飽就好」的心理，因為零食雖然好吃，但其所含的營養成分可是大大的不足啊，若是因為吃了零食，而減少甚至無法吃正餐，寵物的營養可是會不夠的，我會建議零食與正餐的比例應該要控制在 DER 的 10%以內。

由於狗貓在出生後一年，便會決定自己的喜好，所以飼主可以在這段時間多讓他們嘗試不同的食物，避免以後只偏愛某種特定的食物，一旦造成偏食，也是有可能影響寵物們的健康狀況。

維持期

到了維持期，也就是大約在月齡達九個月大時，可以開始轉換飼料，轉換的標準量是參考當時體重的 DER 換算出餵食量，如果之後體重有增加，熱量可以再減少 10-15%，由於這就相當於係數 0.2，所以如果原本的能量供應量是 RERx1.8，此時就改為 RERx1.6 然後觀察體重是否可以維持。

這個時候健康的動物大多可以維持良好的狀況，唯一要注意的就是不要餵太多零食就好！

高齡期

甚麼時候才叫高齡期呢？在寵物的壽命方面「**小型犬會比大型犬長壽**」、「**混種會比純種狗長壽**」、「**肥胖動物會比較短命**」，一般定義超過平均壽命的 75%就算是進入高齡期，除了透過寵物健檢來確

認外，寵物們在高齡期，感官也會開始衰退、肌肉量開始減少，睡眠時間有變長的現象，而會隨著肌肉量減少、活動量降低，寵物們會有肥胖的傾向，但蛋白質的需求跟維持期一樣，所以儘量多多帶狗狗貓貓運動。

在 AAFCO 的標準中並未提供高齡犬貓的營養標準，但是有原則，最好使用低熱量、高膳食纖維，添加可以幫助老年疾病的機能性成分。

此外，高齡動物，有時候會有五官上的器官功能衰退，而食慾變差，所以要多花點心思，例如將食物拿到鼻子附近，用手餵食，提高食物的適口性來引起他們的食慾。

定期健康檢查、早期治療、適當的飲食與體重管理、持續適度的運動，打造更容易生活的環境，都是可以幫助高齡動物的生活更加舒適的健康管理關鍵喔！

◆ 注意水分攝取 ◆

這裡我想教大家如何計算狗貓一天所需要的水量的小方法：

跟熱量一樣的公式 ＝體重 x30＋70ml

但是對天性不愛喝水的貓而言，該怎麼才能讓貓喝到足夠的水呢？我建議大家可以試著在家裡多找幾個地方放小水盆，或者使用流動式的飲水機，也可以在食物中添加些水分等等方法，都是增加他們飲水量的好方法喔。

其他類型的寵物食品

―――∨―――

「醫師，我可以餵我們家狗狗生食嗎？」

相信很多飼主的心裡也有這樣的疑問吧？畢竟有個「生」字，飼主要不擔心應該很難，生食有比乾飼料好嗎？生食會不會有細菌？生食怎麼保存？生食對寵物好嗎？

其實，除了乾飼料外，犬貓是可以餵食生食或手作鮮食的，至於生食和手作鮮食的差異，以及一些注意事項，還請大家繼續看下去。

▌生食

先說結論：生食沒有人工添加物，也符合寵物的天性，營養成分也保留較完整，因此，只要注意一些細節，妥善的處理生食，飼主們可以放心的讓犬貓吃生食喔。

目前市面上的生食有冷凍、冷凍乾燥、混合型（在營養保健品 + 乾燥蔬菜中加入飼主買的生肉後攪拌混合），要注意是否有細菌汙染，保存上也要格外小心。

下面我們先來談談選擇生食需要注意些什麼吧。

首先，最重要的就是**「新鮮度」**。

生食最大的疑慮就是細菌、寄生蟲等問題，偏偏這些很難用肉眼看出來，萬一處理不好，一旦被寵物們吃下肚，就有可能導致寵物生病，甚至威脅到生命。

所以，若是要給寵物吃生食，一定要比照給我們自己吃一樣，不管是傳統市場買的生肉、生魚，或是超市包裝好的生食，都必須妥善處理乾淨才好。

但我還是要提醒飼主，若是真的要餵食生食，除了要確保生食的來源，生食的溫度控管也要注意，通常會希望生食能保存在 7℃ 以下，低溫才能具備殺菌的效果。

此外，不論是購買的生食，或是自製的生食，在分裝後，不要立刻給寵物們食用，一定要先經過至少七十二小時的冷凍，才能殺死寄生蟲，飼主們可以在要餵食的前一天再從冷凍移至冷藏退冰，還有一個重點，當生食放在室溫中，若寵物未能在半小時內吃完，就不能再吃了，也不要再冰回冰箱，因為這時食物中已經滋生了許多細菌，千萬不要因為省錢或省事，一再反覆的退冰和冷凍，若擔心半小時內吃不完，建議就不要一次拿取太多。

其次則是**「營養成分是否足夠」**。

一般的觀念裡，生食的營養成分保留較完整，一經烹煮，有些營養成分就會被破壞，但是，大家不要忽略一點，有些營養素，反而是在烹煮後才好吸收和消化，例如蛋白質、脂溶性的維生素等。

我們以貓咪為例，貓咪不愛喝水，若是長期只吃乾飼料，貓咪可能就會長期處於缺水的狀態，嚴重時，腎臟可能會出問題，且乾飼料中的碳水化合物比例也偏高，一直只吃乾飼料的話，貓咪罹患糖尿病或過度肥胖的機率就有可能偏高。但生食剛好就能彌補乾飼料或貓罐罐這方面的缺點，且生食也較不用擔心經過水煮會讓水溶性維生素、脂溶性維生素及蛋白質等營養素減少等問題。

所以，我們在餵食生食時，還是必須考慮營養素是否均衡，不足的部分就要額外補充，才不會造成寵物因營養缺失而生病。

「生食到底好不好？可不可以餵？」這個問題並沒有絕對的答案，若是能克服安全和營養的問題，生食也未嘗不也是一種選項；但動物醫院協會與美國獸醫協會（AVMA）等單位，均曾公開建議避免餵狗狗生食。最主要的出發點除了公共衛生問題外，沒有強力的證據能證明生食優於罐頭、飼料甚至鮮食，這則是另一個主要原因。

手作鮮食

什麼是「鮮食」？鮮食就是經過烹調加熱後的生鮮食材，部分鮮食餐中除了使用肉品蔬果外，幾乎都會加入具飽足感的五穀根莖類，像是糙米、地瓜、馬鈴薯等，這也是為了提供寵物的熱量需求。

然而這些五穀根莖類的食物不見得寵物們能夠完全吸收，以狗狗來說，要觀察狗狗在吃了以後，是否能夠消化吸收，若是有軟便拉稀的現象，就要調整比例，降低五穀根莖類食物的比例，直到大便成形為止，至於貓咪則最好不要吃含有五穀根莖類的鮮食，因為對貓咪們來說，不論再香、再好吃，這都實在太不容易消化了。

	生食	手作鮮食
需要烹煮	不需要	需要烹煮
有無添加五穀根莖類	無添加	有添加
含肉率	較高	較低
營養素	較易被消化和吸收	不一定能被消化和吸收

　　由以上的說明我們可以有初步的概念，不管是飼料、生食或是手作鮮食，沒有有哪一種比較好，或比較不好，一位優良的飼主，不應只考慮餵食哪一種飼料較好，而是該怎麼餵食，才能讓寵物毛寶貝們得到最完整的營養，讓寵物們能夠因為我們的妥善照顧而活得開心、活得健康。

Chapter 3

臨床疾病營養學（上）：
營養顧好，毛寶貝才能健康活到老

就像人一樣，寵物們的一生中，不可能無病無痛，

一旦寶貝們生病，飼主們總是最擔心、最煩惱的，

寵物並不像人一樣，可以明確的表達自己哪裡不舒服，

也不像人一樣，能夠自己照顧自己，

因此，身為飼主的我們，一起學習一點基本的照顧常識吧！

疾病與飲食管理

「疾病」的定義是「生物的全身或部分出現生理狀態異常，無法行使正常功能或產生種種痛苦之現象」。

基於這個定義，找出生理的異常原因，讓身體恢復正常並減少痛苦，應該就是治療的主要目的吧。

飲食管理負責的重要功能，就是作為內科療法的一部分，補充因為疾病導致的代謝變化而缺乏的營養素，並促進及輔助身體的功能恢復正常。

而為了達到這個目的，研發出了「處方飼料」，是特別針對狗貓在不同疾病狀況下而設計出的營養需求。

用途	狗狗			
	熱量	蛋白質	脂肪	纖維
消化系統	中	中	低～中	中
肝臟	高	低	高	中
腎臟	高	低	高	中
溶解尿結石	高	超低	高	中
磷酸胺鎂結石	高	中	中～高	中

其他尿結石	高	低	中～高	中
體重管理	低	中	低～中	超高
減重	低～中	高	低～中	超高
糖尿病	低～中	高	低～中	超高
皮膚 （新型蛋白質）	中	中	中	中
皮膚 （水解型蛋白質）	中	中	中	中～高
心臟	中～高	中	中～高	中
關節	中	中	中	高
癌症	超高	高	高	中
高營養	超高	高	高	低～中
口腔	中	中	中	高

用途	貓咪			
	熱量	蛋白質	脂肪	纖維
消化系統	中～高	中～高	中	中
肝臟	高	低	中	中
腎臟	高	低	中	中
溶解尿結石	低～中	低～中	中	低
磷酸胺鎂結石	中～高	中	低～中	低
體重管理	低～中	高	低～中	高

減重	低～中	高	低～中	超高
糖尿病	中～高	高	高	中
皮膚 （新型蛋白質）	中	中	中	中
皮膚 （水解型蛋白質）	中	中	中	中
高營養	高	高	高	低～中
口腔	中	中	中	高

☼ **熱量（大卡 /100 公克）（DM）**

低：300 大卡以下　　　　　高：400 大卡左右

中：350 大卡左右　　　　　超高：450 大卡左右

☼ **蛋白質（公克 /100 大卡）（DM）**

低：約 5 公克以下（狗狗）　　高：約 8 公克以下（狗狗）

　　約 7 公克以下（貓咪）　　　　約 10 公克以下（貓咪）

▎ 處方食品

　　處方食品並非綜合營養品，AAFCO 並未訂定相關的營養標準。處方食品中有助於病情恢復的營養需求與成分，基於各家製造廠商及其研究機關的大量研究而製造。另一方面，由於相同的病況其營養需求很類似，所以只要大致上掌握住各種處方食品中對於狗貓來說重要的蛋白質、脂肪，以及會影響腸道內環境的膳食纖維等營養配方的特徵，就能擴大選擇範圍。

臨床上最常聽到的問題就是：家裡有泌尿道結石的貓咪在吃處方飼料，其他貓咪也會吃到他的飼料，可以讓他們吃嗎？

關於這個問題，獸醫師我有問過很多做處方飼料的廠商，如果是泌尿道專用，也就是說有結石的貓咪吃該飼料，但是家中還有其他貓咪不小心也會去吃到的話，問題不大，因為如果該泌尿道處方飼料的原理是，讓尿液的 pH 值在中性，不易造成結石狀況，那影響就不大，但還是建議要去詢問該品牌的處方飼料的原理及負責的人員，會提供你更完善的解釋。但是如果說像是腎臟病處方，就不建議給正常狗狗或貓咪吃了！因為腎臟處方的話，該處方食品含的蛋白質是最低的標準，所以對於正常發育中的寵物，就比較不適合，因此處方飼料的攝取需要詢問專業人士，並且多方確認後，才可以比較安心地給寶貝吃喔！

不建議使用處方食品的案例

營養配方	不建議使用的疾病
所有處方食品	發育期、懷孕期／泌乳期
高脂肪食品	高血脂症、胰臟炎、曾有胰臟炎病史
高纖維食品	體重過輕、脫水、衰弱
高蛋白食品	腎臟病、脫水、胰臟炎

肥胖與飲食管理方法

　　不論是貓貓還是狗狗，圓滾滾、胖嘟嘟的，著實看著可愛，但是，可愛歸可愛，有一個觀念還是不能被忽視，那就是：寵物和我們人類一樣，「肥胖」絕對也是造成身體疾病的原因之一。

　　「肥胖」是指體內的體脂肪累積過多，一旦體內體脂肪過多，最直接的影響就是關節，肥胖的犬貓容易因為關節疼痛或行動容易喘而不想動，不想動，脂肪堆積更快，這樣惡性循環的結果，很有可能引發身體的其他疾病，而關節的不適還只是其中的一項，心臟、腎臟或糖尿病都可能起因於肥胖，這點身為飼主的我們真的不能不慎重看待。

　　在寵物的所有生命階段中，適當的體重管理都是健康管理與飲食管理中不可或缺的一環，倘若家裡的寵物過胖，調整飲食和適度的運動都是必須的，尤其是在絕育後，犬貓絕育後很容易發胖，這時就一定要更留意飲食，儘量不要餵食人類吃的食物，水果和含糖的食物也要儘量避免……總之，減少致使寵物發胖的因子，才能讓我們和寵物相互陪伴長長久久。

　　「但是，寵物和人一樣，胖瘦也有一定的標準可以參考嗎？」

　　當然有喔！寵物們肥胖程度可依據體態評分（BCS）與體脂肪率來進行分類：

從外觀看貓咪是否有體重問題

第❶級
過瘦

貓的外表就能看到肋骨、脊椎的凸出。
皮下脂肪不足，同時缺乏肌肉。

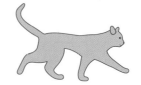

第❷❸級
偏瘦

肋骨、脊椎可以從外表看到，側面的腰線也很清楚，皮下脂肪不多，撫摸時，會有像摸到骨頭的感覺。

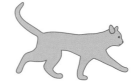

第❹❺級
標準

外表不會看到明顯的肋骨、脊椎形狀，但側面還是可以看到腰線和下腹部的線條，撫摸時，感覺較結實。

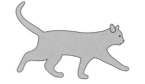

第❻❼級
稍胖

腰線和下腹的線條都不見了，整個看起來會覺得有點圓潤，撫摸時，會摸到身體有多餘的贅肉。

第❽❾級
過胖

從外表看就圓圓的，完全看不到線條感，腹部的肉也明顯的多，肚子下垂。

從外觀狗狗是否有體重問題

第❶級
太瘦

腰部和肋骨都沒有皮下脂肪，可以看得到骨骼的形狀。

第❷❸級
過輕

腰部和肋骨都有薄薄的皮下脂肪包著，但仍然可以摸得到，甚至在腰部也還是有明顯的骨骼形狀。

第❹❺級
正常
體重

肋骨和腰部有皮下脂肪包覆，但可以摸得到。外觀看起來和摸起來，都會像有一層薄薄的肉。

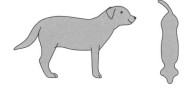

第❻❼級
稍重

不論是肋骨或腰部，摸起來都像覆蓋著稍微有點厚度的脂肪，雖然勉強還能摸得到像是骨骼的形狀，但已經不是太明顯了。

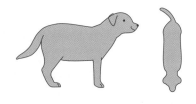

第❽❾級
肥胖

整個身體看起來就肉肉的，摸起來也都是肉的觸感，不會摸到骨骼的形狀。

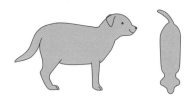

▌胖真的只是吃出來的嗎？

別以為只有阿嬤養的狗狗或貓貓會變胖，如果身為飼主的我們觀念不對，也是有可能養出「阿嬤狗」或「阿嬤貓」的。

曾經在醫院看到過一位飼主帶著他的可愛貓來看病，飼主長得圓滾滾的、貓貓也長得圓滾滾的，圓到脖子和身體幾乎是連在一起，看起來可愛歸可愛，但一看也知道，實在太胖了。

就在候診時，可能是怕貓貓害怕或是緊張吧，我注意到飼主時不時的還拿東西給貓貓吃，近半小時的候診時間，貓貓的嘴幾乎沒有停過，實在很替貓貓的未來擔心呢。

造成犬貓肥胖的原因

攝取能量太多
消耗的能量太少
結紮後的身心變化
遺傳
疾病

攝取的能量太多

也和人類一樣，吃太多，自然容易胖，讓寵物（犬、貓）自由任食適口性高的乾飼料、食慾增加（結紮後、使用類固醇等藥物、內分泌異常等），或過量的給予零食或人類吃的食物……這樣的行為不是

對寵物好，反而對寵物造成慢性傷害，千萬要記得，胖胖可能是可愛，但過胖就絕對不是可愛喔。

消耗的能量太少

一個人如果想要減肥，醫師一定會告訴你一個大原則：「少吃多動」，沒錯！少吃多動可以減肥不僅僅只用在人類身上，在寵物身上也是適用的。

不論是狗狗或是貓貓，在正常飲食的情況下，一旦運動量不足，就很有可能造成脂肪堆積，因此，提供寵物們適當的活動空間和時間，是一位好的飼主應該要具備的常識。

然而，當寵物們年紀越來越大，活動力也會變差，這時，或許他們已經無法外出奔跑，飼主們可以在家裡打造出適合犬貓的活動空間，例如，每天能固定帶狗狗在庭院或是屋內（各房間）走走；給貓貓搭建適合他的跳台等。

結紮後的身心變化

一般來説，通常在狗狗八個月以前，或是貓貓六個月以前，獸醫師都會建議飼主讓犬貓能夠接受結紮手術。

結紮對犬貓來説，都是一生中很大的變化，不僅是生理上，心理上也是。

雖然，結紮對犬貓來説，不僅可以解決發情的問題，也可以降低罹患腫瘤或骨關節疾病的風險，然而，卻有很高的機率比結紮前更容易肥胖。

這是因為結紮後的犬貓會缺乏賀爾蒙的刺激，變得懶懶的，不想動，因為他們不再需要和其他的雄性寵物打架爭奪伴侶，所以活動力降低，食量反而增大，這要不胖也很難吧。

但這也不是絕對的，只要在結紮後，飼主能夠好好的控制飲食，並帶著他們適度的運動，維持健康的身材也不是一件困難的事。

遺傳（易胖體質）

在人類的世界裡，我們一定都聽過「我連喝水都會胖」、「我天生就這麼胖」……之類的話，當然，有人可能會認為這只是一種推拖之詞，主要的原因就是「管不住嘴」，同樣的，在寵物的世界裡也一樣，真的有些品種的犬貓天生就很容易發胖，例如：

容易發胖的狗狗

米格魯、吉娃娃、巴哥、臘腸狗、拉布拉多、羅威納犬

▲ 我家的胖貓
（照片提供：柯亞彤）

容易發胖的貓

以貓來說，比較沒有特定品種，像是米克斯貓、波斯貓、英國短毛貓、橘貓等，都有可能一不小心就養成「圓球」了。

疾病

不知道你家的犬貓上榜了嗎？如果有，請務必控制好飲食，並加強他們的運動量，千萬別讓他們無上限發胖。

會導致肥胖的疾病包含：庫欣氏症、糖尿病等內分泌疾病為主，有一些免疫性的疾病也會因為吃類固醇等藥物導致動物身體腫起來，所以當發現動物突然變胖或變瘦時都要謹慎，一定要先帶去給獸醫師看看，釐清真正發胖的原因喔！

越胖越可愛？

胖胖的狗狗或圓滾滾的貓貓看起來真的格外可愛，可惜，這樣的可愛是要承擔背後的代價的。

犬貓肥胖的風險

誘發各種疾病與惡化
（高血壓、高血脂、高血糖）

增加手術的風險
（不易麻醉、不易進行手術、恢復較慢）

增加懷孕的風險
（發情期紊亂、受孕率下降、難產）

肥胖的風險

體重沒有控制好，對家裡的毛寶貝來說，真的是壞處大過好處：

1. 誘發各種疾病與惡化

體重越重，犬貓的關節承重負擔就越重，關節很容易退化或發炎，此外，體脂肪過多，高血壓、高血脂、高血糖的罹患率也相對的增高，尤其是貓咪，當體內的脂肪過高，糖尿病、高血脂症、心臟病、泌尿道結石、關節炎、氣管塌陷、皮膚病等，發生的機率就更高了。

2. 增加手術的風險

當體脂肪過高時，會有不易進行麻醉、不易進行手術、組織恢復速度變慢等壞處，這點飼主也一定要小心。

3. 增加懷孕時的風險

在肥胖的眾多壞處中，還有一點是飼主要注意的，那就是犬貓一旦過胖，會使發情期紊亂、受孕率下降，甚至有難產的可能性等。

◆ 獸醫小補帖 —— 幫胖貓減肥 ◆

　　幫貓咪減肥是一件不容易的事情！因為貓如果連續兩天不吃飯，就有可能患上脂肪肝，所以千萬不能讓貓咪不進食，絕食減肥法是不適合貓咪的。

「那要怎麼減？」

　　這裡建議飼主可以按照以下這個步驟，應該可以達成幫貓咪瘦身的目的：

1. 先計算預計要減重到幾公斤 ex 原本 8kg 想要減重到 5kg。

2. 算出減肥至該體重的 RER 然後乘以 0.8（為減重的貓應有的熱量）。

3. 少量多餐的方式餵食。

4. 更換為減肥飼料（可以更好的讓貓咪有飽足感）。

5. 更換飼料方式：首先將四分之一的新飲食與四分之三的舊飲食混合兩到四天，再增加兩到四天；然後將四分之三的新飲食與四分之一的舊飲食混合，持續最後三到五天，然後再完全切換到新飲食。另外，更換飼料的時間應該預留三週的時間進行過渡。

6. 增加運動量（有幾個方法可以試看看）

· 將食盆移動到房子的不同位置，例如樓上或樓下，這樣
  貓要走路才能到達他的食盆。為了吃，貓咪應該會強迫
  自己運動。

· 將食盆盡可能遠離貓最喜歡出沒的地方。

· 不要用貓碗盛任何乾糧！購買特殊的「餵食球」，需要
  你的貓滾動他們才能獲得食物碎片作為「獎勵」。有了
  這些互動物品，你就可以在裡面裝滿特定數量的乾糧，
  然後由貓來把食物拿出來！你也可以把食物扔給他們，
  讓他們在吃飯的時候追逐。

· 使用羽毛玩具、激光筆、紙球或鋁箔球，或任何你的貓
  感興趣的東西來追逐。嘗試每天兩次與你的貓玩耍十分
  鐘。

7. 使用 6 ～ 8 個月的時間讓貓咪可以慢慢瘦下來！我們一
  起加油吧！

　　有研究指出單純讓貓咪減少飲食，對於減重的效果其
實沒有很好，因此一定要在貓咪變胖之前先控制，不然就
會很難挽回了！

肥胖的飲食管理重點

先和大家分享一個臨床上我遇到的案例。

有一次一位飼主帶他的狗來洗牙，因為需要麻醉，所以就做了基本的理學檢查、血液學檢查及肝、腎指數等生化檢查後，便進行麻醉，心臟聽起來也是跳動的很正常。

也有照例詢問狗狗是否有什麼疾病？主人得意的跟我說，他十分疼愛他的狗狗，平日裡也都有注意他的身體狀況，不太可能生病。

聽飼主這麼說，就準備洗牙了。沒想到洗到一半，狗狗的心跳突然停止了，當下做了緊急的處置後，狗狗才恢復正常。

當時真的是嚇死我了！

等甦醒後，主人接回去前問了一下主人狗狗平常會不會突然就很喘？

主人說，狗狗天生舌頭短，從小就這樣，不覺得有什麼特別。

然而，主人卻忽略了狗狗偏胖的這個事實，雖然狗狗天生舌頭短，但那並不是造成他喘的主要原因，真正的原因是他太胖了，即使術前的檢查都正常，狗狗胖這件事情就對於麻醉的風險影響其實是滿大的。

為了避免過度減重造成的營養失衡，在肥胖寵物的飲食管理方面要注意下列幾項重點：

減少能量的攝取，燃燒體脂肪

減重時應在確保寵物能攝取到必需脂肪酸的範圍內，減少飲食中的脂肪含量。記得有一年中秋和朋友們一起烤肉，其中有一位朋友順手就把烤好的肉吹涼了，送進他帶來的狗狗嘴裡。當下看到狗狗滿足的表情真的是很可愛，但是問題來了，「烤肉能給狗狗吃嗎」？沒錯，烤肉不但很香，而且也有滿滿的脂肪，對狗狗或貓貓來說，是真的可以提供他們活動的能量，然而，所有的東西都是一體兩面的，同樣是烤肉裡的脂肪，卻是足以讓犬貓肥胖的主要原因之一。

看了上面的例子，我們可以很清楚的知道，在為寵物選擇食物時，不僅僅只單純控制給予他們的總量，還要特別注意飼料中的脂肪含量，以免有過量的脂肪造成他們身體裡的脂肪堆積。

不過，目前已知左旋肉鹼（L-Carnitine）能幫助體脂肪的燃燒，所以有些飼料成分會有添加，想替寵物們控制熱量攝取或燃燒脂肪的飼主們，在購買飼料時，可以多加注意。

增加能量的消耗，增加飽足感

「少吃多動」相信是很多人耳熟能詳的四個字，但對肥胖的犬貓來說，要做到「多動」之前，可能還是必須先做到「少吃」，可是，一定會有飼主「不忍心」看著自己心愛的寵物餓肚子吧！那麼，我們

就從「增加飽足感」下手也是一個不錯的方法。

　　一般來說，**增加飲食中不溶性膳食纖維**的量，可提高排泄到糞便中的能量；**增加水溶性膳食纖維**的量則可以增加飽足感，減重時期寵物會覺得肚子餓的壓力。此外，**高蛋白質的營養組合**可以維持肌肉量，有助於增加基礎代謝率。

▋ 增強免疫力

　　減重時的代謝活性增加會造成體內的活性氧增加，此時增加飲食中的抗氧化成分能減少活性氧，增強免疫力。

肥胖的處方食品選擇訣竅

重新檢視目前的飲食內容，如果將 DER 以及主食與零食之間的比例調整為 9:1 之後，體重仍比理想體重增加 15% 的話，相對上比較能夠在短時間內恢復到理想體重。但若是此種程度以上的肥胖，則需要選擇減重專用的處方食品。

減重專用的處方食品可提供飽足感及供應必要的營養及能量，同時能有效率地達到減重效果。

	處方食品之選擇
BCS 在 4-5 分前半以下之肥胖	重新檢視目前的飲食內容
BCS 在 4-5 分後半以上之肥胖	減重專用
目標達成後之理想體重管理	體重管理
高蛋白食品	腎臟病、脫水、胰臟炎

＊體重管理食品中也包括室內飼養專用、結紮手術後專用或體重管理專用等綜合營養食品。

▌餵食方法

以理想（目標）體重之 RER 計算出餵食量，一星期可減輕目前體重之 1-2%。

在餵食次數上雖然也可以一天餵食兩次，但少量多餐（一天餵食三～四次）的效率會更好。

如果寵物是屬於吃飯速度很快的類型，可利用將乾飼料泡軟後散布在大淺盤中的方式或慢食碗等道具避免他們大口吞吃，或是餵食濕食。

減重計畫之訂定方法

有目標才有前進的方向，正確的設定指標來確認寵物是否健康減重，對飼主也有鼓勵的效果，請參考下列步驟來訂定減重計畫！

蒐集執行減重計畫之必要資訊

- 目前體重及目標體重
- 所選擇之減重用處方食品的代謝能量（ME：kcal/100g）
- 計算出減重計畫的各項目標
- 計算並決定好每個星期的減重率

設定目標體重，並算出與目前體重之間的差異

- 算出達成目標體重所需要的時間
- 計算理想（目標）體重之 RER
- 用處方食品之 ME x 100，計算出每日餵食量
- 依每日餵食次數，計算出每餐的餵食量

【範例】

目標：讓目前體重為 15 公斤的狗狗減重為 12 公斤

使用飼料：使用 ME=290kcal/100g 之減重飼料

每個星期減重的計算方式：

預計要減去目前體重的 1.5%

→ 15 公斤 x 0.015=0.225 公斤 =225 公克

15 公斤 -12 公斤 =3 公斤

3000 公克 /225 公克 =13.3 個星期，要達成目標體重約需 13-14 個星期（三個月半）

RER=70（12）0.75=451.3 大卡

451.3/290 x 100=155.6 公克 / 天，每天的餵食量為 156 公克

每天餵食三次，每餐的餵食量 156/3=52 公克

注意事項

　　幫寵物減重非常需要飼主的毅力。如果目前的體重與理想體重相距甚遠，先不要驟然以最終的理想體重為目標，而是可以設定短期目標分好幾次達成，這樣有助於減輕飼主與寵物的壓力。

　　由於減重飼料含有豐富的膳食纖維，一旦水分攝取過少，可能會

造成寵物便祕，請記得確認寵物排便情形，並適時調整他們的水分攝取量。

減輕體重比增加體重更花時間，所以平常就要定期為寵物測量體重，這樣一旦發現有體重過重就可以儘早矯正回來。

理想體重的計算方法

（目前體重公斤數）x（100%－目前的體脂肪率%）／0.8

【範例】

目前 15 公斤，體脂肪率 50% 的狗狗，其理想體重為：

15 x（100%-50%）／0.8 ＝ 15 x 0.5 ／ 0.8 ＝ 9.375（約 9.4 公斤）

對飼主來說，寵物減重期間最大的壓力就是要每天面對「你很想餵他，他也一副好餓、好想吃的樣子」，所以在臨床上，真的很常遇到飼主會問我：「請問減重時到底能不能吃零食啊？」看到這裡，你心裡一定想：「廢話，都在減重了，怎麼可能還能吃零食？」但讓你意想不到的是，這個問題的答案是肯定的！

條件是，你必須先從 RER 中算出 10% 的份量作為零食的餵食量，並選用減重用的零食讓飼主餵食，只要能同時滿足這兩個條件，身為飼主的我們就不用再忍受心裡掙扎了，當你的寶貝滿眼期望的看著你，表達出「我好餓」時，就能拿出零食，適時的餵他一點點，滿足他的需求了。

如果想讓家裡的寶貝們更健康，你可以在符合 RER 的餵食量之外，再加上少許的蔬菜或水果。不過有一點要特別注意，由於蔬菜和水果的熱量較低，如果以 RER 的 10% 能量來計算的話，量可能會太多，有可能導致消化系統的問題，因此在餵食的時候，餵食的量在外觀看起來大約為全體食物量的一到二成就可以。此外，若餵食後出現排便次數變多，糞便變稀或是顏色變黃等情況則要減量。

\\ Chapter 4 //

臨床疾病營養學（下）
犬貓常見疾病的營養照顧

想讓犬貓在短短十幾年的壽命裡，能夠健健康康、快快樂樂的生活，除了陪伴外，照顧好他們的身體健康是最重要的事，然而，人吃五穀雜糧哪有不生病的？犬貓也一樣，當他們健康時，身為飼主的我們就應該要好好的為他們找合適的飼料；一旦生病，在營養照顧上更是要用心。不同的疾病在營養照顧上都有不同，營養顧好了，寶貝們才能快快痊癒喔！

消化器官之疾病

「醫師，快幫我看一下，我們家貓貓一早就突然吐個不停，他是怎麼了？」

「醫師，很奇怪耶，我們家狗狗最近胃口好像不太好，吃得越來越少。是生病了嗎？」

「醫師，我家貓貓一直拉肚子，有沒有關係啊？」

在醫院，這類問題每天都可以聽到，由於寵物們不會說話，若有任何一點點的不舒服，都必須依靠飼主的細心才能觀察到，一旦出現明顯的病徵，例如嘔吐、厭食、腹瀉、失去活動力⋯⋯等，越快送到醫院讓醫師檢查治療，才能幫助他們及早恢復健康。

接下來，我們就來看看在犬貓身上經常出現的疾病有哪些、怎麼造成的、平日裡該注意什麼、生病時的飲食、治療的方法吧。

首先，除了前面討論的肥胖問題外，犬貓的一生中，還有可能罹患其他的疾病，其中，消化器官的疾病最為常見。

犬貓的消化器官是在負責什麼

「消化器官」是指身體為了獲得營養素及能量而進行消化及吸收作用，並將代謝過程中產生的非必要物質排出體外的器官，其中，口腔、食道、胃、小腸、大腸稱為消化道，胰臟、肝臟則稱為附屬器官。

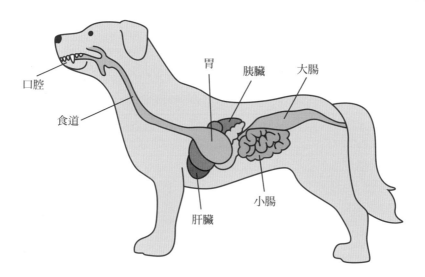

狗狗雖然主食也是肉類，但其實是雜食性動物；貓貓則是肉食性動物，兩種寵物的飲食習性不同，自然在消化系統上也多少有一點出入。狗狗的大小腸加起來的長度比貓貓長了近一倍，而為了利於肉類的消化，貓貓的消化道長度較短，因此，進食後，很快就會有排泄的行為，倘若沒有排便或出現腹瀉的情況，就一定要趕緊送來醫院做進一步的檢查喔。

牙周病、口炎

牙周病在老年犬非常常見，特別是臘腸、瑪爾濟斯、貴賓，所以每日幫狗狗刷牙很重要；在貓，比較常見的口腔問題是口炎，有很多疾病，例如貓嗜伊紅性口炎、齒吸收……。一旦食物殘渣附著在牙齒上，就會形成牙菌斑（齒垢）讓牙齒表面滋生細菌，當牙菌斑堆積並鈣化以後就形成牙結石，刺激牙齦並造成發炎。而發炎組織產生的炎症物質又破壞周圍組織，侵犯到鼻腔，還會引發打噴嚏等症狀，如果牙齒不好，還會演變為全身性的疾病。

主要原因

- ✵ 沒有刷牙的習慣
- ✵ 營養失衡的飲食
- ✵ 水分攝取不足
- ✵ 飲食中大多為容易附著在牙齒上的軟性食物

主要症狀

- ✵ 進食困難
- ✵ 強烈口臭
- ✵ 甩頭

飲食管理重點

為了能夠順利經由口腔進食，並且讓齒垢不易附著在牙齒上，有下列幾點要特別注意：

1. 營養狀況正常化

有些動物因為牙齒痛，常常吃東西會很不舒服，所以拒絕進食，如果你還給予一些很硬的飼料則會讓他們進食困難然後越來越瘦，所以可以嘗試吃一些比較軟的食物，至少讓他們不至於體重下降太多。

2. 儘量減輕進食時的疼痛

將食物調整成容易入口的大小與形狀，例如有些老年犬牙齒就已經不好了，飼料還很大塊，就會降低動物的進食慾望。

3. 增加水分攝取量

水分攝取過少會讓唾液分泌變少，導致細菌繁殖或食物殘渣容易殘留。

選擇處方食品的訣竅

針對口腔疾病，選擇處方食品除了要能夠協助恢復身體機能上的異常，還要能供應足夠的營養與能量。

目前寵物之狀態	處方食品之選擇
體重正常 + 能夠咀嚼食物	口腔護理專用（乾飼料）
體重正常 + 無法咀嚼食物	消化系統護理（乾飼料）

目前寵物之狀態	處方食品之選擇
體重偏低 + 能夠咀嚼食物	消化系統護理（乾飼料）
體重偏低 + 無法咀嚼食物	消化系統護理（濕食）

雖然還有高脂肪食物可以選擇，但若已經有體重偏低的情形時，有時身體會無法利用這些營養，所以最好還是先從消化系統護理的處方食品開始，必要時再轉換為高營養的食物。

餵食方法

1. 可以維持正常體重的情況下

依照目前的 DER，以一星期左右的時間轉換成新食物。

2. 體重偏低的情況下

肌肉量下降，身體通常也容易有消化不良的狀況，一開始先以 RER 的量一天餵食三～四餐。在體重增加或適應消化狀態恢復正常體重之前，每次慢慢增加 0.2 的係數。

▍注意事項

☼ 狗貓不喜歡太過黏膩的口感,可以加水調整黏稠度。

☼ 美國的 VOHC(美國獸醫口腔健康委員會)有認證某些商品具有「控制牙結石及口臭」的效果,一般來說這一類以口腔護理為目標的商品都具有顆粒大及形狀特殊的特徵,能減少齒垢及防止堆積。另外也有增加膳食纖維量的商品,但因為一旦纖維量增加,食物中的能量濃度就會減少,所以要避免使用在已經出現消瘦症狀或食量減少的動物上。

☼ 不論吃甚麼食物,都一定會有牙菌斑附著在上面,所以刷牙是每天都需要做的事情喔!

◆ 唾液的功效 ◆

唾液可以清潔口腔,有殺菌效果及維持 pH 在正常值的功能。軟性食物、水分攝取不足及高齡等原因會讓唾液變少,因此若是以濕食為主食,記得要利用啃咬玩具等口腔護理用品增加唾液分泌。

巨食道症

簡單來說就是食道變得很粗，有先天和後天的區別，算是犬貓消化道疾病中常見的一種。

臨床症狀為食物逆流，逆流物為管狀未消化的食物，這是一種食道失去運動性，導致吞嚥進去的食團及液體無法抵達胃部，於是食物堆積在食道內造成食道逐漸擴張的疾病，狗比貓常見。

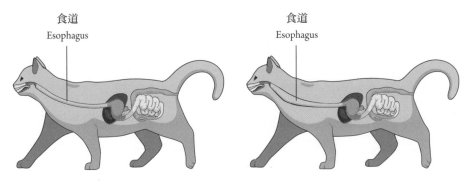

食道
Esophagus

食道
Esophagus

▲ 正常的食道／巨食道症

主要原因

- 遺傳性
- 特發性
- 食道腫瘤、食道炎等

主要症狀

- 嘔吐、咳嗽、呼吸音增加
- 食慾不振
- 口腔發出惡臭
- 體重減輕、發育不良

飲食管理重點

　　為了讓吞嚥下去的食物可以往胃移動，以提供身體營養與能量，以下有幾點要注意：

1. 防止食物逆流

　　讓食物可以往正常的方向移動，防止營養不良情形，所以一般會讓狗狗坐給小嬰兒吃飯的桌子，讓他們站著吃飯。

▲ 狗狗的娃娃吃飯座椅

2. 恢復到正常的體重及身體狀態

　　配合健康狀態調整飲食的營養濃度，促進組織修復，恢復到正常的體重及身體狀態。

▌選擇處方食品的訣竅

　　選擇具有高消化性且形狀容易通過食道的處方飼料或是營養品，營養組成由目前的體重決定。

目前寵物之狀態	處方食品之選擇
體重正常	消化系統護理、綜合營養品
體重偏低	消化系統護理或高營養食品（高脂肪食品，若有嘔吐或逆流情形則為消化系統護理食品）

▌餵食方法

1. 在濕食中加入冷水（或溫水），調成容易通過食道的黏稠度。

2. 住院期間依照 RER 計算餵食量，出院後活動量增加則增加餵食量。

3. 餵食時讓寵物以「站姿」進食，以少量多餐的餵食方式餵食，一天約餵五到六餐，藉由這種方式增加消化速度，防止胃內容物滯留在胃內而容易逆流回食道。

4. 餐後維持同樣姿勢 20-30 分鐘，防止食物逆流。

5. 痊癒後給予乾飼料也要泡軟後再餵食。

注意事項

:※: 罹病後的犬貓，即使經治療後痊癒，回家後初期在家中吃飯，最好也必須用同樣的餵食方式，所以在出院時要讓飼主了解到如何讓寵物以站姿吃飯。此外，散步時的水分補充也要讓寵物垂直抱著喝水，喝完水後最好還能維持五分鐘的同樣姿勢。

:※: 即使寵物的身體狀況恢復健康之後，餵食富含纖維的乾飼料仍有讓食物沾上食道的風險。因此若要餵食乾飼料，必須將乾飼料內部確實泡軟，或是與濕食罐頭一起攪拌均勻，避免食物不易通過食道或有逆流的情形發生。

胃炎

胃炎是指胃黏膜發炎，分為急性胃炎與慢性胃炎，是犬貓常見的病症之一，狗狗若罹患胃炎，會出現嘔吐、腹痛、降低食慾等症狀；貓咪則是較常出現嘔吐的現象。

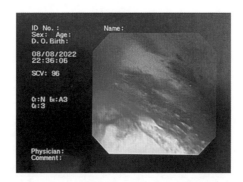

▲ 內視鏡下胃黏膜發炎的照片（照片提供：柯亞彤）

主要原因

☼ 與飲食相關（異食癖、吃太多、突然轉變食物、食物過敏等）

☼ 感染症（病毒、細菌、寄生蟲等）

☼ 其他原因（藥物、中毒、全身性疾病等）

主要症狀

※ 腹痛、嘔吐、消化道出血（急性胃炎）

※ 食慾不振、嘔吐、下痢（慢性胃炎）

飲食管理重點

為了減少胃酸分泌以及胃部的蠕動運動以便讓胃部得到休息，有下列幾點需要注意：

1. 幫助胃部把內容物排空

太硬的食物或是過多的蛋白質、脂肪及膳食纖維會讓進入胃的食物長時間停留在胃裡，因此應選擇容易消化的低脂肪及混合性膳食纖維飲食，減少胃部的工作量及加快食團往十二指腸移動的時間。

2. 減輕發炎反應

食物過敏或食物不耐症也有可能導致胃部發炎，因此飲食中可以選擇使用低過敏的飼料，以及具有抗發炎作用的 Omega-3 脂肪酸。

選擇處方食物的訣竅

讓胃部休息、加速胃內容物排空的高消化性且低脂肪、膳食纖維含量少的消化系統護理處方食品是最佳選擇。

目前寵物之狀態	處方食品之選擇
胃炎、胃部運動異常、急性胃炎	消化系統護理（低～中脂肪）
食物過敏（特定過敏原）	食物敏感專用（新型蛋白質）
疑似食物過敏	食物敏感專用（水解蛋白質）

餵食方式

必要時需要補充電解質，之後每三到四小時給予水分。如未嘔吐的話可開始少量經口進食。

乾飼料要用水泡軟後（或用濕食），一開始以 RER 的 1/4 量一天餵食三次，如狀況有所改善則在二到三天內增量到 RER 的量。

注意事項

1. 由於食物敏感專用的處方食品含有較高的脂肪含量，在強烈懷疑寵物可能是食物過敏時應作為第一選項。

2. 很多飼主在寵物狀況改善後，馬上恢復到正常飲食，以致會有復發的情況發生，轉換食物無論是轉成新食物或是恢復成舊食物，一開始三分之一新的，其餘三分之二是原本的，看寵物恢復的狀況再慢慢全部換成新的食物，最重要的就是慢慢來。

胃擴張、扭轉症候群（GDV）

這是一種胃部擴張之後扭轉，導致胃壓迫到腹腔內其他器官，造成血流受阻，有時甚至會造成死亡的急性疾病，大多發生在深胸犬。

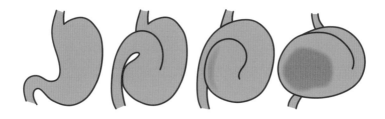

▲胃扭轉的過程

GDV 胃擴張、扭轉症候群的 X 光照片

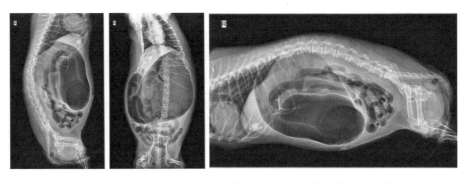

▲ GDV 狗狗的胃在 X 光下就像小精靈的帽子　（照片提供：柯亞彤）

主要原因

最主要的原因和吃飽飯後的運動有關，此外，還有可能和下列因素相關：

遺傳因素

父母曾有過胃擴張、扭轉症候群的狗狗、大型犬、超大型犬（尤其胸腔狹窄的深胸犬種：大丹犬、德國狼犬、羅威納犬、伯恩山犬、標準貴賓犬），大部分在狗較常見。

年齡

高齡犬比年輕的犬隻更容易發生，也較易發生在性格膽小、容易緊張的寵物身上。

飲食相關

一天只餵一餐且份量大，胃排空速度慢、狼吞虎嚥吃很快，一次喝大量的水，吃飽後激烈運動。

主要症狀

- 坐立難安
- 大量流口水
- 腹部膨脹
- 呼吸急促
- 不斷作嘔卻吐不出東西

飲食管理重點

為了養成不易發生胃擴張、胃扭轉的飲食習慣，有下列幾點需要注意：

1. 幫助胃部把內容物排空

高脂肪或高蛋白質的飲食會延長胃內容物滯留在胃裡的時間、增加胃部壓力，因此應選擇容易消化的飲食，縮短胃內容物送往十二指腸的時間。

2. 讓胃部的運動性正常化

含有適量混合性膳食纖維的飲食可以幫助胃部的蠕動運動。

3. 減輕發炎反應

增加具有抗發炎作用的 Omega-3 脂肪酸有助於減輕發炎反應。

4. 協助恢復健康

改善營養狀態能促進組織修復，幫助寵物使其從疾病狀態恢復健康。

選擇處方食品的訣竅

選擇高消化性的消化系統護理處方食品，在促進身體恢復健康後，再轉換為原來的食物。

目前寵物之狀態	處方食品之選擇
術後	消化系統護理（低～中脂肪）
恢復後	高消化性之綜合營養食品

餵食方法

1. 乾飼料用水泡軟後（或用濕食）一天餵食兩～三次。

2. 住院期間依照 RER 計算餵食量，出院後則配合活動量，慢慢增加到能夠維持正常體重的 DER 餵食量。

3. 將乾飼料用水泡軟後再餵食可避免寵物一次大量喝水，等症狀改善之後要恢復成餵食乾飼料的情況時，再慢慢減少水的份量進行食物轉換。

注意事項

以下幾點為此病的預防對策：

❊ 避免一次給予太大量的食物

❊ 不要在餐前及餐後立刻讓寵物激烈運動

❊ 避免吸入太多空氣的遊戲

❊ 用五天以上的時間來轉換食物

❊ 避免高脂肪且偏硬的飼料

❊ 想辦法讓狗狗的吃飯速度慢一點（例如使用慢食碗，將食物散布在又淺又大的盤子裡）

腸炎

　　小腸部位發炎或過敏引起的症狀，有分急性腸炎及慢性腸炎，但因為不易找出特定的病因，大部分的情況會轉變成慢性的嘔吐或下痢。

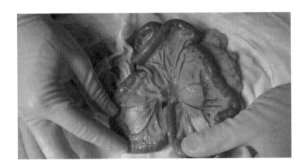

▲手術照片：貓咪的腸道、小腸紅腫，腸系膜淋巴結腫脹　（照片提供：柯亞彤）

主要原因

※ 口腔內疾病、食道疾病

※ 細菌、黴菌、病毒、寄生蟲等病原造成之感染症

※ 腸阻塞

※ 炎症性腸病（Inflammatory Bowel Disease; IBD）、小腸細菌過度生長（Small Intestine Bacterial Overgrow; SIBO）

※ 飲食相關性，突然變換食物、亂吃地上的東西、食物過敏

主要症狀

- 嘔吐、下痢
- 體重減輕

▍飲食管理重點

小腸主要功能是吸收營養素，為了要讓小腸恢復正常功能，有下列幾點要注意：

1. 減少小腸工作量

選擇高消化性，低～中脂肪的飲食，促進小腸內的營養吸收。

2. 減輕發炎反應

選擇低過敏性、富含 Omega-3 脂肪酸的飲食，有助於減輕發炎反應。

3. 腸道內環境的正常化

適量的混合膳食纖維能透過發酵調整腸道內的環境，並且能促進營養吸收、強化免疫力。

▍選擇處方食品的訣竅

選擇低脂肪的消化系統護理處方食品，若疑似或已確定為食物過敏時則選擇食物敏感專用。

目前寵物之狀態	處方食品之選擇
急性腸炎、慢性腸炎	消化系統護理（低～中脂肪）
食物過敏（特定過敏原）	食物敏感專用（新型蛋白質）
疑似食物過敏	食物敏感專用（水解蛋白質）

餵食方法

　　小朋友吐或拉肚子，通常就是先不要給食物一餐，讓腸胃休息，寵物們也一樣，基本上在下痢症狀尚未改善前不要給予固體食物，在改善水合狀態（沒有脫水的情況）且沒有下痢症狀之後，可每三到四個小時經口補充少量的水分。等到都沒有嘔吐、下痢症狀後，可以開始給予 RER1/4 量的乾飼料泡軟之後（或是濕食），一天經口餵食三次。如果這樣也沒有引發下痢或嘔吐症狀，在二到三天內可以慢慢增量到 RER 的餵食量。出院後則配合寵物的活動量增加到 DER 的餵食量。

注意事項

　　一般來說處方食品中的乾飼料和罐頭的營養成分幾乎是相同的。

　　相對的，市面上販售的綜合營養品中，濕食的營養組成就屬於高蛋白質、高脂肪，因此為了防止腸炎復發，在症狀改善後即使恢復成一般的綜合營養品，最好也是選用高消化性、低～中等程度脂肪含量，纖維量不要過多的食品。

蛋白流失性腸病

這是一種蛋白質從消化道大量流失，導致低蛋白血症的疾病，原因可能來自不同的消化系統疾病，最具代表的為淋巴管擴張症。

主要原因

- 淋巴管擴張症
- 炎症性腸病（IBD）
- 食物不良反應

主要症狀

- 嘔吐、下痢
- 體重減輕、營養吸收不良
- 食物不良反應

飲食管理重點

為了減輕炎症反應及防止營養素從腸道流失，有以下幾點需要注意：

1. 維持健康狀態：

　　選擇優質蛋白、低脂肪、高消化性的飲食能充分提供營養及能量，防止體重下降。

2. 盡可能地減少脂肪、蛋白質從腸道流失：

　　低脂肪食物可減輕淋巴管的炎症反應及壓力，防止蛋白質流失。

3. 補充維生素（脂溶性維生素、維生素 B 群）及礦物（鉀）：

　　長期嘔吐或下痢會造成體內鉀濃度不足，可能會增加心臟傳導異常的風險，補充從淋巴管流失的蛋白質、吸收不完全的脂溶性維生素，以及因為下痢而大量流失的維生素 B 群與鉀。

▌選擇處方食品的訣竅

　　選擇可以補充流失的營養素，並以管理體重與健康狀態為目的的處方食品。

目前寵物之狀態	處方食品之選擇
蛋白質流失腸病（狗狗）	消化系統護理（低脂肪）
蛋白質流失腸病（貓咪）	消化系統護理 食物敏感專用（新型蛋白質） 食物敏感專用（水解蛋白質）

▌餵食方法

1. 下痢症狀改善之前與腸炎餵食方法相同。
2. 少量多餐（一天餵食三〜四餐），幫助食物的消化與吸收。

▌注意事項

☀ 一般來說，和消化系統護理處方食品比較起來，食物敏感專用處方食品的脂肪含量還要高，但因為和狗狗相比貓咪比較不會受到食物脂肪含量的影響，所以也可以選擇該種產品。

☀ 即使同樣都是淋巴管擴張症，不同寵物個體對食物中脂肪含量的耐受程度也不相同，因此選擇時要以比原本飲食的脂肪含量更低為標準。

☀ 長期食用極端的低脂肪飲食可能會造成體重下降或營養吸收不良，為避免這種情況發生，需要一邊觀察一邊調整飲食。

大腸炎

大腸發炎（或過敏）由於不容易找出特定的病因，除了偶發性的下痢之外，寵物看起來都很健康，因此很容易演變成慢性疾病。

主要原因

☼ 細菌、黴菌、病毒、寄生蟲等病原造成之感染

☼ 腸套疊（Intussusception）

☼ 炎症性腸病（IBD）

主要症狀

☼ 軟便、下痢

☼ 便祕

▌飲食相關性

長時間吃太多、營養失衡的飲食（高脂肪、低蛋白質、高膳食纖維等）、吃到汙染物質、食物過敏。

▌ 飲食管理重點

大腸的主要功能為水分的再吸收，為了除去病因並調整大腸內的環境，有下列幾點需要注意：

1. 減少大腸的工作量

含有大量蛋白質或脂肪的寵物食品或零食等難以消化的食物，會增加流入大腸內的未消化物。因此應選擇高消化性、優質蛋白質含量適中的低脂肪飲食，減少未消化物的量。

2. 減輕發炎反應

選擇低過敏性的飲食及 Omega-3 脂肪酸來減輕發炎反應。

3. 重建腸道內環境

利用混合性膳食纖維修復腸道黏膜，重建腸內菌叢的平衡。

4. 協助體內形成糞便及排出毒素

不溶性膳食纖維能吸收大腸內水分，促進糞便形成與排出毒素。

▌ 選擇處方食品的訣竅

一般而言與小腸疾病一樣，選擇高消化性的處方食品減少未消化物，或是食物敏感專用的處方食品。

目前寵物之狀態	處方食品之選擇
大腸炎	消化系統護理
缺乏膳食纖維之大腸炎	體重管理、消化系統護理（高膳食纖維）

餵食方法

與腸炎相同，請參考 123 頁。

注意事項

如果目前已有體重過輕或是血便的情形，則應該選擇消化系統護理處方食品而不要使用高纖食品。

巨結腸症

‿⌄‿

　　大腸部位異常擴大、運動性下降的疾病，發生在貓咪的比率大於狗狗。

主要原因
- ☀ 便祕（飲食問題、水分攝取不足、高纖維食物、藥物等原因）
- ☀ 大量攝取無法消化之物體（骨頭、毛球等）
- ☀ 環境因素、心理因素

主要症狀
- ☀ 初期：便祕、腹部膨脹
- ☀ 嚴重時：食慾不振、嘔吐、體重減輕、虛弱

▌飲食管理重點

　　為了幫助排便，下列幾點需要注意：

讓腸道運動正常化

　　一旦不溶性膳食纖維過多時，增加的糞便量會助長結腸擴張的情形，而發酵性適中的水溶性膳食纖維則可以增加糞便中的含水量，軟

化糞便，有助於讓腸道的運動性恢復正常。

儘量減少未消化物

選擇高消化性的食物，減少排便量。

適量補充水分

一旦水分攝取過少，腸道內的水分會不足使糞便硬化，因此需要增加寵物的飲水量。

選擇處方食品的訣竅

選擇高消化性的處方食品可以減少未消化物，增加水溶性膳食纖維則可以避免糞便過硬。

目前寵物之狀態	處方食品之選擇
巨結腸有便祕傾向	消化系統護理（水溶性膳食纖維） 消化系統護理（濕食）

餵食方法

❉ 將 RER 的餵食量以少量多餐（一天餵食三～四次）的方式給予，待腸道開始蠕動後，漸漸增加到能夠維持理想體重的 DER 餵食量。
❉ 利用將乾飼料以水泡軟或餵食濕食的方式，增加寵物的飲水量，並且要確定飲食中的含水量與飲水量合計起來等於 DER，也就是需達到每天的水分需求量。

注意事項

減重用的處方食品中，不溶性膳食纖維的比例較高，會增加排便量而讓症狀更加惡化的危險性，因此請勿選用。

◆ 甚麼叫「可溶性纖維（水溶性纖維）」◆

可溶性纖維也就是水溶性纖維。水溶性膳食纖維在腸道內發酵後，會產生短鏈脂肪酸（醋酸、丙酸、丁酸），有助於維持腸內環境正常化及促進腸黏膜再生，然而一旦產生過量反而會刺激腸道蠕動而造成軟便或下痢。

這個效用對於健康寵物來說雖然是缺點，但對於便祕寵物就是優點了！只是如果在水分不足的狀況下就無法產生這種效果，所以無論是可溶性還是不可溶性膳食纖維，都應該要補充足夠的水分。

	水溶性膳食纖維 （soluble fiber）	非水溶性膳食纖維 （insoluble fiber）
食物型態	植物膠、果膠、黏質物、海藻膠、寡醣	纖維素、半纖維素、木質素、植物表皮質、幾丁質（甲殼素）
排便順暢	增加糞便量	軟化糞便
保健功效	平衡糖分及酸鹼值	促進消化道蠕動
整腸美顏	減少體內有毒物質	減少體內有毒物質
體重管理	熱量低、容易產生飽足感	熱量低、容易產生飽足感

◆ 小腸性疾病 V.S 大腸性疾病 ◆

簡單來說，小腸是消化吸收；大腸是吸收水分。由於大腸位於後段，其中含有許多分泌黏液細胞，一旦大腸發生病兆，便有可能出現以下的症狀：

臨床症狀差異	小腸性疾病	大腸性疾病
排便頻率	正常到稍微增加（一～三次）	增加、經常排便（四～六次）
排便量	大量	少量
黏液	通常沒有	通常會有
血便之情況	深色、黑色（深色焦油便）	鮮血便
迫切性（緊急性）	無	有
裡急後重	無	有
糞便顏色	多種（偏白、偏黑）	正常（黃～褐色）
糞便形狀	軟便、水便、脂肪便	慢性軟便～稍微成形的果凍狀
體重減輕	有	少見
嘔吐	有時出現	有時出現
其他	肚子會叫	便祕

◆ 糞便顏色代表的意義 ◆

糞便是和臨床症狀一樣，能夠反映出身體內發生的事情、評估身體的健康狀態，有助於早期發異常情形，所以，對飲食、疾病、藥物等因素會對糞便的顏色造成什麼樣影響，是大家必須具備的知識之一。

正常	異常情形		
	飲食因素	疾病因素	藥物因素
黃褐色～茶色	-	-	-
黃色	消化不良	膽囊疾病、IBD	緩瀉劑
綠色	綠色食物	-	抗菌劑、整腸藥
紅色	紅色食物	下消化道出血、食物中毒、大腸炎	抗菌劑
黑色	-	上消化道出血	止瀉劑、鐵劑、活性碳
白色	太白粉	膽管阻塞、肝功能低下	鋇劑、制酸劑

胰臟炎

我相信這是一個會讓大家臉色大變的疾病，是含有消化酵素的胰液外漏至腹腔內，造成胰臟自體消化而引起發炎。

胰臟炎分成可藉由治療完全痊癒的胰臟炎，以及胰臟細胞萎縮或纖維化導致無法完全痊癒的慢性胰臟炎。

胰臟炎在診斷上很困難，尤其是貓咪的症狀因為不具有特異性，因此大部分都是慢性胰臟炎。

主要原因
※ 大部分原因不明
※ 進食油膩、高鹽高糖的食物

主要症狀

狗狗
※ 跪拜姿勢
※ 嘔吐、下痢
※ 腹痛

※ 精神不佳、食慾不振或嘔吐

※ 發燒

貓咪

※ 個體差異大，一般為精神不佳、食慾不振或嘔吐。

【相關因素】

※ 內分泌疾病（高血脂症、高血鈣症、糖尿病等）

※ 營養失衡的飲食（高脂肪、低蛋白質等）

※ 大量攝取高脂肪食品

※ 肥胖

※ 其他：藥物、毒素、感染、胰管阻塞、外傷（腹腔手術、交通事故等）

飲食管理重點

胰臟炎的飲食管理非常困難，目前的觀念多為減少營養素對胰臟造成的刺激，讓胰液的分泌量儘量減少，然而，這樣的餵食標準也是各方說法不一，且為了達到這個目的，還是有下列幾點需要注意：

1. 低脂肪的程度

需檢視患病寵物過去的飲食紀錄，脂肪含量務必要比原先的飲食更低。不過患胰臟炎的貓咪則沒有報告與高脂肪飲食有關。

2. 適量的蛋白質含量

由於高蛋白質的飲食會促進膽囊收縮素（Cholecystokinin; CCK）

的分泌，而膽囊收縮素是一種會刺激胰液分泌的賀爾蒙，所以在狗狗和貓咪都不建議食用。

3. 避免帶有強烈香味的食物

　　健康的狗狗或貓咪在聞到喜歡的寵物性蛋白質或脂肪的香味時會促進胰液分泌，所以要避免餵食患病寵物此類食物，以免誘發嘔吐。

▍選擇處方食品的訣竅

　　大原則就是：選擇不具強烈氣味、高消化且低脂肪的營養配方，不僅可以避免誘發嘔吐，也可以供應充分營養與能量的處方食品。痊癒後，若仍要持續餵食自家製的手作鮮食，則需要配合寵物個體狀況調整營養比例。

目前寵物之狀態	處方食品之選擇
能夠經口進食	消化系統護理（低脂肪） 自家製作的手工鮮食（超低脂肪）

▍餵食方法

☀ 有嘔吐情況時，先禁食禁水 12-24 小時，以輸液進行治療。

☀ 不再嘔吐之後，每間隔 4-6 小時給予少量飲水。

☀ 確認飲水不會誘發嘔吐後，以少量（約 RER2 的 1/3 量）的高消化性低脂肪食物，一天分四到六次餵食，第二天增加至 RER 的 2/3 量，第三天增加到 RER 的攝取量。

※ 若嘔吐症狀尚未改善，則改成經常腸道營養法（管灌飲食法）供應營養。

※ 若食慾不振症狀已達三天以上的貓咪，不論臨床症狀為何，都應使用管灌飲食法，盡可能早期預防脂肪肝（肝臟脂肪代謝障礙）的發生。

※ 由於氣味強烈的食物會刺激胰液的分泌，所以將食物用溫水泡軟這一類增加適口性的方法反而會得到反效果。一般而言食物中的含水量越多氣味就越強，所以要找出每一隻寵物個體能夠耐受的飲食型態。

※ 恢復之後也要以低脂肪飲食進行長期的飲食管理，若有肥胖情況也要進行體重管理。

注意事項

　　市面上販售的綜合營養品即使降低脂肪含量，大部分仍比不上處方食品低脂肪的程度，此外一般來說罐頭的脂肪含量通常也都比乾飼料高，因此在選擇寵物食品或轉換食物時，一定要確認是否有比原先含有更低的脂肪含量。

自家製的手作鮮食

　　在開始經口進食到轉換成處方食品之前，為了恢復食慾可以利用手作鮮食。以少量多餐的方式餵食（一天四～六次），若有進食困難的情況時，可利用手動攪拌器等工具將食物打成泥狀。

◆ 胰臟炎恢復後最好也要避免的食物 ◆

以下食物因為含有豐富的脂肪，需請飼主注意：

1. 肉乾　　　6. 牛奶（全脂）

2. 香腸　　　7. 優格（全脂）

3. 牛肉　　　8. 豆腐

4. 羊肉　　　9. 起司

5. 鮭魚

胰臟外分泌不全（EPI、胰臟炎）

這是一種胰臟無法分泌消化酵素的疾病，胰臟的酵素除了消化系統以外，還有中和胃部排出的酸性內容物的功能。

主要原因

狗狗：胰臟腺泡細胞缺乏／缺損

貓咪：慢性胰臟炎

主要症狀

☼ 大量下痢（黃色～灰色的軟便、水便），有強烈的腐敗氣味，且因為糞便脂肪過多而導致肛門周圍的毛髮髒髒的

☼ 吃很多但體重卻很輕

☼ 毛髮粗糙

☼ 肌肉流失

☼ 異食癖

☼ 大量喝水

▍飲食管理重點

在飲食中添加「消化酵素」促進消化吸收，有下列幾點需要注意：

1. 維持適當體重

供應充分的營養與能量，以恢復健康狀態為目的。

2. 補充不足的營養素

補充脂溶性維生素與蛋白質等營養素。

3. 儘量減輕下痢症狀

減少進入大腸的未消化物，讓腸胃內 pH 值恢復正常，減輕下痢症狀。

4. 選擇處方食品的訣竅

若有合併使用消化道酵素，也可以選擇一般的高消化性綜合營養品，但要記得蛋白質含量不可太高。

目前寵物之狀態	處方食品之選擇
胰臟外分泌功能不全	消化系統護理（低～中脂肪） 綜合營養品（高消化性、蛋白質含量中等）

▍餵食方法

以能夠維持理想體重的 DER 餵食量，一天分成二～三餐餵食乾飼料或濕食。

▍注意事項

使用消化酵素後若狀況未改善，可能是因為沒有選擇到適合的食物。由於纖維的種類與含量會影響到酵素反應，此時需轉換為高消化性、低纖維的食物。

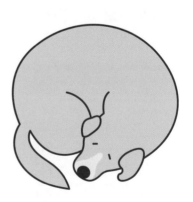

肝病

肝臟被稱為身體的化學工廠，由肝小葉所組成的器官，負責身體的不同功能，有一句名言：「肝若不好，人生就是黑白的。」所以包含代謝（合成及分解）與貯存從小腸吸收而來的營養素，對藥物及毒物進行解毒也集合成膽汁。由於肝臟的備用能力及再生能力非常優秀，在肝細胞正常的情況下，即使切除 90% 的肝臟也可以再生為原本大小。

另一方面，肝臟出問題沒有嚴重到一定程度，是感受不出來的，也不容易有症狀，所以有「沉默的器官」之稱。此外，肝臟也是一個有大量血液進出的器官，包含肝門脈收集來自消化道的血液，肝動脈輸送營養與氧氣到肝臟本身，以及肝靜脈收集來自肝臟的血液回流到心臟。

而肝病則是肝臟的某部分功能發生問題而導致代謝異常的疾病。

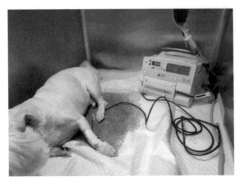

◀黃疸狗狗會出現深褐色的尿
液，以及耳朵、黏膜顏色變
成黃色的情形。
（照片提供：柯亞彤）

主要原因

☀ 藥物

☀ 中毒

☀ 胰臟炎

☀ 糖尿病

☀ 高脂肪飲食

☀ 感染、外傷

☀ 遺傳

主要症狀

狗狗

☀ 初期：嘔吐、食慾不振

☀ 惡化後：下痢、便祕、體重減輕、黃疸、多喝多尿、出血、肝腦症
候群（Hepatic Encephalopathy）、腹水

貓

☀ 初期精神不濟、反應遲鈍

☀ 惡化：黃色嘔吐物、黃疸

飲食管理重點

以恢復肝臟功能為目標，有下列幾點需要注意：

1. 減輕肝臟的負擔

選擇配方中含有氨產生率低的優質、高消化性蛋白質（如大豆、雞蛋），且含量適中的食品，能減輕肝臟的解毒作用，同時也能供應充分的營養給肝臟。此外，增加水溶性膳食纖維（如乳果糖 Lactulose）可幫助身體把消化道生成的氨從糞便排出體外。

2. 強化肝臟功能

補充肝病身體容易缺乏的支鏈胺基酸（BCAA：白氨酸、異白氨酸和纈氨酸），BCAA 能幫助肌肉生長，強化肝臟功能。

3. 供應充分的營養

高消化性的碳水化合物能供應充足的能量，防止體內因為能量不足而發生的肌肉分解，或在肝臟的糖質新生作用。

4. 限制容易攝取過量的營養素

限制容易累積在肝細胞內的銅含量，防止對肝細胞造成的傷害。

5. 補充容易缺乏的營養素

補充維生素 B 群、維生素 C、A、E、K、精氨酸、左旋肉鹼、牛磺酸（尤其是貓咪），以及鋅等罹患肝病時容易缺乏的營養素。

▋ 選擇處方飼料的訣竅

　　一般來説，若是沒有發生脂質代謝異常，可選擇肝臟護理處方食品，若是有脂質代謝異常的話，則選擇低脂肪的消化系統護理處方食品；如果有浮腫或腹水等症狀，則需要考慮限制鈉的攝取量。

目前寵物之狀態	處方食品之選擇
一般肝病	肝臟護理
脂肪代謝之異常 （沒有浮腫／腹水）	消化系統護理（低～中脂肪）
浮腫／腹水	心臟護理

▋ 餵食方法

　　選擇乾飼料或濕食，住院期間以 RER 計算餵食量，少量多餐（一天四次）餵食，出院後則配合活動量及體重進行調整。

▋ 注意事項

※ 對於有機會痊癒的肝病來説，透過「進食來供應營養與能量」對促進肝臟功能的恢復是很重要的一環。罹患輕度肝病時，不一定要用肝臟護理處方食品，可因應臨床症狀以「寵物願意吃的食物」為優先，避免有蛋白質缺乏的情形發生。

※ 出院後也要透過食物供應足夠的能量，而少量多餐是很有效的方法。

※ 食慾不振或是體重過輕的寵物，如果突然給予高脂肪的肝臟護理處方，有可能會發生嘔吐和下痢，建議可以先從低脂肪的消化系統護理處方食品開始，之後再配合身體狀態，慢慢增加飲食中的脂肪含量。

肝門脈分流

從腸道而來並在門脈會流的血液,並未依照正常的生理構造進入肝臟,而是從另一條血管分流繞過肝臟進入全身循環,導致寵物無法藉由肝臟進行體內代謝廢物的排除,可分為肝外或肝內門脈分流,臨床上以肝外分流較為常見。

主要原因

☼ 先天性

☼ 肝病末期

主要症狀

☼ 發育不良

☼ 體重減輕

☼ 肝腦症候群

飲食管理重點

為了減輕臨床症狀及維持健康狀態，有以下幾點要注意：

1. 供應充分的營養及能量

缺乏能量及營養時會讓寵物的體重下降、肝功能衰退。

2. 減少體內的氨產生量

使用高消化性的植物性蛋白質（大豆）或乳蛋白可以減少氨的產生。

3. 強化免疫力

補充容易缺乏的維生素及鋅等營養素，強化寵物的免疫力。

選擇處方食品的訣竅

一般而言，會選擇使用植物性蛋白質的肝臟護理處方食品

目前寵物之狀態	處方食品之選擇
肝門脈系統分流（無肝腦症候群）	肝臟護理
肝門脈系統分流（有肝腦症候群）	肝臟病護理

餵食方法

選擇乾飼料或濕食，從 RER 一天餵食四餐開始。

在罹患肝病的寵物中，只限沒有肝腦症候群的情況下才不用限制蛋白質。

所謂肝腦症候群是指無法在肝臟解毒的氨進入中樞神經系統，造成嘔吐、下痢、行為異常、痙攣、思覺失調、昏睡等症狀的疾病。發生在先天性的門脈形成異常或重度肝衰竭末期。在飲食管理上必須限制蛋白質，但即使是此種蛋白質的攝取量仍需維持在每公斤體重 2.1公克以上。

消化器官之疾病

脂肪肝（貓咪）

〜〜〜

中性脂肪（三酸甘油脂）過量堆積在肝細胞內，造成膽汁淤積，肝功能障礙的疾病，是貓咪特有且攸關性命的症狀。

主要原因

- 糖尿病
- 長期沒進食

主要症狀

- 嘔吐、下痢、便祕
- 食慾不振
- 行為變化（嗜睡、窩著不動）
- 肥胖
- 肝病、胰臟炎、腎臟病、腫瘤等疾病
- 黃疸

▍飲食管理重點

透過支持療法及維持體內電解質平衡以預防脫水症狀及肝腦症後群的發生。初期以管灌飲食法供應營養較為理想，因此有以下幾點需要注意：

1. 供應充分的營養及能量

只要沒有肝腦症候群的症狀就不用特別限制蛋白質。

肝腦症候群的症狀就是昏昏沉沉，因為氨會讓腦袋不正常，若沒有肝腦症候群，便可使用富含牛磺酸、精胺酸的飲食來補充優質蛋白質；若有缺乏鉀的狀況就要補充，患有脂肪肝的貓咪經常有鉀缺乏症，會讓食慾不振更加惡化及增加肝腦候群的風險。

2. 促進脂肪代謝

左旋肉鹼可以加強脂肪的燃燒。

3. 其他

由於罹患此病的貓咪經常有低血鉀症及缺乏維生素 B12 的情形，必要時需另外補充。

▍選擇處方食品的訣竅

以滿足貓咪食性的高消化性飲食補充不足的能量，以恢復營養狀態為目的選擇處方食品。

目前寵物之狀態	處方食品之選擇
脂肪肝（無肝腦症候群）	肝臟護理、營養補給
脂肪肝（有肝腦症候群）	消化系統護理
脂肪肝（肥胖）	血糖護理

餵食方法

若有難以經口餵食的狀況，可裝置管子方便餵食。以四天左右的時間為基準，慢慢增加餵食量，直到能滿足 RER 的能量需求。若是突然給予長時間營養不良的寵物，滿足需求量的營養，可能會造成電解質異常，需特別注意。

在併用食慾促進劑且能夠強制餵食的情況時，先一次給一點點貓咪「之前未吃過的食物」，在確認貓咪願意吃下去後再繼續餵食。如果貓咪很討厭放入口中的食物時，則不建議強制餵食，因為會給貓咪造成很大的壓力。

持續強制餵食的情況下，以三天的時間逐漸增加餵食量到滿足 RER 的能量需求。

出院後，必要時以 RER 乘以 1.1-1.2 的係數 =DER 作為餵食標準。

注意事項

發病一星期以內是否有充分的營養與能量會影響預後的情況。

銅蓄積性肝炎（狗狗）

因為肝臟銅代謝異常、造成銅在肝臟內累積的疾病，經常發生在特定品種的狗狗身上。

主要原因

☼ 遺傳（好發犬種：貝林登梗、西高地白梗等）

☼ 從飲食中攝取到過量的銅

主要症狀

☼ 食慾不振　　☼ 尿色異常（紅黑色尿）

☼ 多渴多尿　　☼ 黃疸

☼ 體重減輕

飲食管理重點

為了減少貯存在肝臟的銅量及強化肝功能，有以下幾點需要注意：

☼ 減少從飲食而來的銅攝取量

☼ 選擇含銅量少的飲食

☼ 減少腸道對銅的吸收

※ 補充鋅可以減少腸道對銅的吸收

※ 防止細胞氧化

※ 維生素 E 可防止脂質的氧化，強化肝臟功能

選擇處方食品的訣竅

　　患有遺傳性銅蓄積性肝炎的狗狗終生都需要選擇含銅量低的飲食，若非遺傳性的則選擇能幫助肝臟功能恢復正常的處方食品。

目前寵物之狀態	處方食品之選擇
遺傳性銅蓄積肝炎	肝臟護理 自製手作鮮食（含銅量低）
暫時性銅攝取過量	肝臟護理 消化系統護理（低脂肪）

餵食方式

　　住院期間以 RER 一日餵食四餐，出院後根據活動量增加至 DER，一日餵食二～三餐。

注意事項

　　除了主食以外也要注意零食或副食品，避免給予含銅量高的食材。

含銅量高的食品	肝臟、小魚乾、芝麻、核果類、大豆、糙米
含銅量少的食品	白飯（精米）、牛奶、優格

消化器官之疾病

重點整理

1. 美國的 VOHC（美國獸醫口腔健康委員會）針對具有「控制牙結石及口臭」效果的產品會給予認證。

2. 針對患有食道疾病的寵物要讓他們以站姿進食和喝水。

3. 患有消化道系統疾病的寵物，其營養需求特性為高消化性、低至中脂肪、低過敏性。

4. 長期下痢或嘔吐會造成寵物維生素 B 群及鉀離子的流失量增加。

5. 混合性膳食纖維有助於腸胃蠕動以及腸道菌叢正常化。

6. 餵食方法為少量多餐，並慢慢恢復到一般食物。

7. 小腸性疾病常會有體重減輕的症狀，但大腸性疾病則少見。

8. 胰臟和肝臟疾病主要症狀為嘔吐及食慾不振。

9. 狗狗的飲食中蛋白質或脂肪過量可能會造成肝臟疾病。

10. 貓咪的飲食中蛋白質或脂肪缺乏可能會造成肝臟疾病。

11. 高消化性的優質蛋白質能降低氨的產生率。

12. 貝林登梗和西高地白梗容易罹患先天性銅蓄積性肝炎。

13. 罹患肝病的寵物會有支鏈蛋白質（BCAA）缺乏的情形。

腎臟疾病

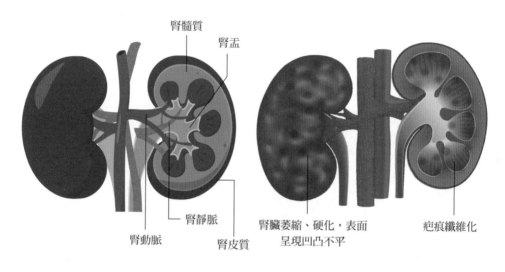

腎髓質

腎盂

腎靜脈

腎動脈

腎皮質

腎臟萎縮、硬化，表面
呈現凹凸不平

疤痕纖維化

▲腎臟解剖圖

▲慢性腎臟病圖

　　腎臟主要的功能，在於將體內產生的尿素與尿酸等血液中的代謝
廢物排泄到尿液中，並將必要的物質再吸收，調整體內的水量、體液
pH 值以及滲透壓。此外，腎臟還會分泌促進紅血球生成的紅血球生成
素（EPO）以及讓血管收縮的腎素（Renin）等賀爾蒙，並且具有調整
能夠活化維生素 D 的磷及鈣質濃度的功能。

慢性腎臟病

腎臟疾病可以分為急性和慢性，其中急性腎臟病雖然有機會痊癒，但大多會轉變成慢性腎臟病。

慢性腎臟病一旦出現臨床症狀及 CREA 數值高於正常值時，表示腎臟已經有 75% 以上的損傷，但目前有一個新的指標 SDMA 可以在腎臟損傷 25% 的時候就可以得知了，所以如果有懷疑也可以加驗這個指數。

◆ 獸醫小補帖 ◆

BUN（血中尿素氮）、CREA（肌酸酐）和 PHOS（磷）為罹患腎臟病動物需要監控的三個指數，目前醫療的進步又多出一個指數 SDMA（對稱二甲基精氨酸），可以早期發現腎臟是否有問題，但常常會遇到有些 SDMA 正常但 CREA 異常的狀況，為甚麼會這樣，又要如何診斷呢？請參考下頁解說。

以下有幾種狀況可以參考，如有遇到可向獸醫師詢問：

- **BUN 上升、CREA 上升、SDMA 上升**：三高，代表腎臟真的不太好。

- **BUN 上升、CREA 上升、SDMA 正常**：這種結果組合並不常見。如果存在溶血現象，可能會導致 SDMA 降低。SDMA 和 CREA 都可能會受到生物和試驗變化的影響，導致檢驗出來結果為正常值，這可能會被視為慢性腎病控制良好穩定。如果仍懷疑有腎臟疾病，應該對狗狗或貓咪進行完整的尿液分析，評估尿比重、是否有蛋白尿，如果腎臟功能正常，則不會有蛋白尿且尿比重會在正常值，狗尿比重會落在 1.015-1.045，貓則是 1.035-1.060。

- **BUN 上升、CREA 正常、SDMA 正常**：有可能是腎臟問題，也有可能不是腎臟問題哦！ BUN 會受到肝臟、飲食⋯⋯很多原因影響。

- **BUN 上升、CREA 正常、SDMA 上升**：可能是一隻超瘦的狗貓，因為 CREA 會受到肌肉量的影響，但腎臟也不好。

- **BUN 正常、CREA 上升、SDMA 上升**：腎臟壞掉的機會滿大。

- **BUN 正常、CREA 正常、SDMA 上升**：可能就是早期腎病。

- **BUN 正常、CREA 上升、SDMA 正常**：可能是肌肉量很高的狗貓。不過文獻統計有 3-4% 狗貓有這樣的狀況，但原因不明，建議複驗。

腎臟病為一種持續惡化，無法恢復的疾病，根據臨床症狀的嚴重程度可以分為第一期至第四期。

國際獸醫腎臟學會（IRIS）犬貓慢性腎臟病（CKD）分期表

	犬 （CREA 肌酸酐）	貓 （CREA 肌酸酐）
高風險	< 1.4	< 1.6
第一期（非氮血症）	< 1.4	< 1.6
第二期（輕度氮血症）	1.4-2.0	1.6-2.8
第三期（中度氮血症）	2.1-5.0	2.9-5.0
第四期（重度氮血症）	> 5.0	> 5.0

主要原因

當寵物已經出現症狀時通常已找不到原始的原因，但可能與下列因素有關：

☀ 先天性腎臟畸形

☀ 高血壓

☀ 感染症

☀ 免疫性疾病

☀ 急性腎衰竭

急性腎衰竭的原因

白合花　　　細菌感染　　　腎臟發育不良　　　老化
　　　　　　　　　　　　　（多囊腎）

主要症狀

☀ 多渴多尿

☀ 下痢、嘔吐

☀ 食慾不振

☀ 抑鬱

☀ 貧血

☀ 神經症狀（顫抖、步伐不穩、痙攣）

飲食管理重點

慢性腎臟病是一種進行中的疾病，適當的飲食管理有助於延緩疾病惡化和提升生活品質，因此有下列幾點需要注意：

1. 給予充分的水

為了避免出現脫水症狀，充分的飲水量是非常重要，要經常讓寵物喝水或是讓他們能從飲食中攝取到足夠的水分。

2. 供應充分的能量

來自飲食中的能量不足，會造成營養不良，並讓尿毒症更為惡化，因此必須讓寵物由飲食攝取到充分的營養與能量。對腎臟病患來說，碳水化合物與脂肪為重要的能量來源。

3. 減輕臨床症狀

❋ 限制蛋白質

配合臨床症狀限制蛋白質的攝取，有助於減輕尿毒症造成的噁心、嘔吐、下痢等症狀。另外，為了避免造成低白蛋白血症、貧血及體重下降等情形，要使用優質蛋白質來源。

❋ 補充 Omega-3 脂肪酸

Omega-3 脂肪酸能有助於減輕腎臟內高血壓的情況。

⁕ 補充抗氧化成分

抗氧化成分（維生素 E、β - 胡蘿蔔素、維生素 C）具有保護腎臟細胞的作用，能減輕臨床症狀。

4. 利用具有緩衝作用的成分來調整體內的酸鹼平衡

腎臟病一旦惡化，血中的 pH 值就很難維持平衡，若發生代謝性酸血症會使腎臟病惡化的速度更快，因此可利用具有緩衝作用的成分（如檸檬酸鉀、重碳酸鈣、碳酸鈣）來調整體內的酸鹼平衡。

5. 延緩惡化

在慢性腎臟病中，磷會促進疾病的惡化速度，因此要限制飲食中的磷含量，延緩疾病的惡化速度。

選擇處方食品的訣竅

目前已知在腎臟病中限制磷的攝取量能減輕臨床症狀和提升生活品質。另一方面，因為食慾不振而造成蛋白質分解或脱水狀況的罹病貓狗則不適合長時間的飲食管理，必須配合寵物的臨床症狀及飼主的需求來選擇合適的處方食品。

目前寵物之狀態	處方食品之選擇
腎臟病（初期～中期）	心臟護理、高齡護理（只限偏胖的寵物）、食物敏感專用、關節護理、肝臟護理
腎臟病（中期～後期）	腎臟病護理

▍餵食方法

1. 從能夠維持目前體重的 DER 開始，並一邊觀察身體狀況及 BCS（體態評分）一邊調整係數，往能夠維持理想體重的 DER 邁進。

2. 若寵物本身自發性飲水量不夠，則以濕食罐頭餵食。

3. 餵食次數依照寵物狀況而定，若一次無法吃太多的寵物則以少量多餐（一天四～五餐）的方式餵食。

4. 每一隻罹患腎臟病的寵物其代謝變化及臨床症狀的差異很大，因此在飲食管理上（包含餵食方式）必須配合每隻寵物的個體狀況而定。

▍注意事項

☼ 在腎臟病的護理的處方食品中，由於碳水化合物及脂肪的比例較高，因此突然增加熱量及餵食量有時會造成寵物有軟便或下痢的狀況出現。若寵物因此對食物產生負面印象的連結，可能會讓食慾不振的情況更加惡化，因此在轉變食物及餵食量時必須慎重為之。

☼ 噁心或食慾不振，有時也可能因為電解質或礦物質的不平衡所致，一旦出現這種狀況時，飼主應該要儘早跟寵物醫院聯絡，才能避免病情的惡化。

腎臟疾病

重 點 整理

1. 腎臟病的主要症狀為多渴、多尿,或食慾不振。

2. 慢性腎臟病可以分為四期,是一種不可逆且會持續惡化的疾病。

3. 延緩腎臟病的惡化的重點為限制食物中的磷含量。

4. 腎臟病的第一期、第二期不用過度限制蛋白質及磷的攝取,要確認飼料成分。

5. 腎臟病的第三期及第四期需要限制蛋白質的攝取量。

6. 對於罹患腎臟病的寵物,應該以碳水化合物或脂肪供應充足的能量,避免發生肌肉的蛋白質分解。

7. 含抗氧化成分的飼料具有保護腎臟的功能。

8. 根據腎臟病的程度,除了腎臟病處方食品外,也可以選擇心臟護理處方食品或高齡期專用的綜合營養品。

泌尿道疾病

腎臟製造的尿液所通過的路徑就是泌尿道。

泌尿道不具有調整尿液成分的功能，尿液從腎臟出來經過輸尿管抵達膀胱暫時貯存後，透過尿道排泄出體外。腎臟和輸尿管稱為上泌尿道，膀胱和尿道稱為下泌尿道。

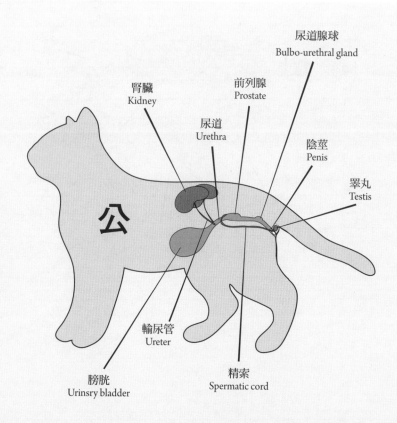

尿道腺球
Bulbo-urethral gland

腎臟
Kidney

前列腺
Prostate

尿道
Urethra

陰莖
Penis

睪丸
Testis

公

輸尿管
Ureter

膀胱
Urinsry bladder

精索
Spermatic cord

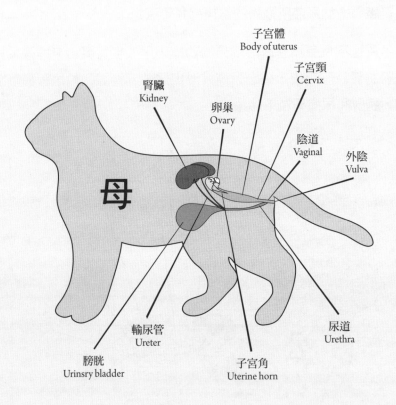

泌尿道結石

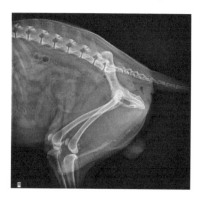

◀泌尿道結石
（照片提供：柯亞彤）

在下泌尿道（膀胱和尿道）產生結晶或結石的疾病。

泌尿道的結石問題在貓貓狗狗身上算是十分常見的疾病，所有年齡層都有可能發生，甚至在治療後也很容易有復發的可能。

會發生泌尿道結石主要是犬貓身體裡礦物質結晶已經累積到一定的程度，造成了泌尿道阻塞，也有部分的案例是在腎臟內形成結石，若沒有得到妥善的處理，短時間內可能引發急性腎衰竭等急症，危及性命，飼主萬萬不可輕忽。

但這裡順帶提一下，雖然根據礦物質的成分可以分成數種不同的泌尿道結石，不過犬貓的泌尿道結石中有 90% 以上為磷酸胺鎂或草酸鈣結石。

磷酸胺鎂結石

　　磷酸胺鎂結石指的是尿液中的鎂、磷酸鹽、氨到達過飽合狀態而產生無菌性的磷酸胺鎂結石，以及因為泌尿道感染而誘發的感染性磷酸胺鎂結石。

主要原因

尿液鹼性化（pH>6.9±0.4 就會結晶化）

狗狗	貓咪
• 泌尿道感染（會產生尿素酶的細菌）	• 五歲以下貓咪（無性別差異）
• 母狗	• 肥胖／運動不足
• 水分攝取不足	• 水分攝取不足
• 尿液殘留	• 尿液 pH 值 →6.5
• 犬種因素（迷你雪納瑞、迷你貴賓犬、可卡犬、比熊犬）	• 泌尿道感染（5% 以下）
• 高蛋白質、含磷量高的飲食	• 低消化性、低熱量飲食
• 糖尿病、腎臟病	• 含鎂量高的飲食
• 長期使用制酸劑或利尿劑	

主要症狀

※ 頻尿

※ 在尿盆以外的地方上廁所

※ 一直作出排尿的姿勢

※ 舔生殖器

※ 滴尿

※ 血尿

※ 食慾不振

※ 嘔吐、下痢

※ 脫水

飲食管理重點

透過飲食將結石溶解以防止復發，有下列幾點要注意：

1. 溶解結石

利用飲食將尿液的 pH 值改變為 6.0 來將結石溶解。若是無菌性的磷酸胺鎂結石平均可在二～四星期內溶解。

2. 維持正常的尿液 pH 值（pH6.2 ～ 6.4）

限制可能造成結石的蛋白質、鎂及磷的攝取量，選擇高消化性、優質、熱量適中的飲食，讓寵物的尿液酸鹼度能維持在正常範圍並進行體重管理。

3. 防止復發

增加寵物的活動量、增加水分的攝取量、改善寵物的排尿環境與生活環境以避免寵物養成憋尿的習慣，可以防止尿液過度濃縮。

選擇處方食品的訣竅

若已有結石者則選擇能溶解結石的處方食品，若是結晶的情況時，則是促進將其排泄到尿液中，同時還能讓尿液 pH 值正常化的處方食品。

目前寵物之狀態	處方食品之選擇
磷酸胺鎂（結石）	泌尿道護理 溶解結石用
磷酸胺鎂（結晶）	泌尿道護理
磷酸胺鎂（已發生及防止復發） + 肥胖	泌尿道護理 體重管理

餵食方法

以能夠維持理想體重的 DER 為餵食量，最好使用濕食罐頭（或併用乾飼料）來增加水分的攝取量。

以溶解結石為目的的尿液酸化處方食品並不適合長期食用。待結石溶解後應更換為能將尿液 pH 值維持在 6.2-6.5 之間的泌尿道護理處方食品。

餵食處方食品期間應停止餵食其他食物、零食及營養保健食品。

感染性磷酸胺鎂結石

在大腸中原本就存在著一種能夠分解尿素並生成氨的細菌（產生尿素酶的細菌），因此一旦尿液中的尿素因為泌尿道感染而增加時，氨的產生也會增加，讓尿液變成鹼性。

會讓尿素增加的原因，除了從飲食中攝取到過量的蛋白質之外，還有可能因為甲狀腺機能亢進等疾病會增加身體組織蛋白質的分解、腎臟病導致尿素無法順利排泄或脫水而導致。

由於感染性磷酸胺鎂結石只靠飲食控制，並不能完全預防感染性磷酸胺鎂結石的復發，因此飲食之外的治療才是最重要的關鍵。

▌注意事項

※ 如果是溶解結石專用的泌尿道護理處方食品或是並用抗生素仍無法溶解的結石，則需要利用外科手術等方式來移除結石。

※ 若使用能改變尿液 pH 值的處方食品，則應在餵食之後定期檢查尿液的 pH 值，注意不要讓 pH 值降到 6.0 以下。

※ 低品質的綜合營養品中，號稱減重專用的飼料裡經常含有大量的穀類或膳食纖維，可能會讓尿液容易變成鹼性。而處方食品中的減重專用食品則含有充分的蛋白質，其營養成分能讓尿液維持在適當的 pH 值。

﹕ 草酸鈣結石 ﹕

尿液中的鈣質與草酸到達過飽合狀態而產生結晶或結石所引起的疾病。

最主要的原因是飲食酸化，這麼說吧，假如我們給犬貓的食物中，含草酸鹽的食物太多（例如：蔬菜、豆腐、綠豆、南瓜、巧克力、番茄類、含果皮的果醬、花生奶油等），且喝水量和排尿量過少，尿液停留時間過久且濃度過高，草酸鹽就容易與鈣形成結石。

主要原因

尿液酸性化（pH<6.2）

狗狗	貓咪
高蛋白質飲食 水分攝取不足 尿液殘留 高齡犬、母犬 犬種因素（迷你雪納瑞、迷你貴賓犬、西施犬、比熊犬、約克夏、拉薩犬） 腎上腺皮質機能亢進（庫興氏症）	七歲以上高齡貓 肥胖／運動不足 水分攝取不足 貓種因素（波斯貓、緬甸貓、喜馬拉雅貓等） 高血鈣症

主要症狀

- ☀ 頻尿
- ☀ 在便盆以外的地方上廁所
- ☀ 一直做出排尿的姿勢
- ☀ 舔外生殖器
- ☀ 滴尿

- ☀ 血尿
- ☀ 食慾不振
- ☀ 嘔吐、下痢
- ☀ 脫水

　　與磷酸胺鎂結石相比，此種結石的發生機制目前不清楚，有可能和遺傳基因有關，但最大的原因還是前面我們說的「飲食」。

飲食管理重點

草酸鈣結石無法透過飲食來讓其溶解，因此有下列幾點需要注意：

1. 預防更多的結石形成

避免飲食中有過量的鈣質、維生素 D 及維生素 C。肥胖雖然並非狗狗發生此種結石的直接原因，但維持理想體重與其他多種疾病的預防有關，因此也十分重要。

2. 防止復發

利用飲食將尿液 pH 值維持在 7.5。

3. 增加水分攝取量

草酸是維生素 C 及部分胺基酸的代謝產物，增加水分攝取量促進排尿有助於將草酸排出體外。

選擇處方食品的訣竅

選擇限制蛋白質及鈣質含量，且能防止尿液酸化的處方食品。

目前寵物之狀態	處方食品之選擇
草酸鈣（結石、控制）	非磷酸胺鎂結石專用（狗狗專用）（膀胱健康處方食品，u/d）腎臟病護理

餵食方法

以能夠維持理想體重的 DER 為餵食量，最好使用濕食罐頭（或併

用乾飼料）來增加水分的攝取量。定期檢查是否將尿液 pH 值維持 7.5 左右。

注意事項

※ 由於狗狗專用的草酸鈣結石處方食品中有限制蛋白質的含量，因此須隨時觀察狗狗是否有蛋白質不足的情形。

※ 由於一年之內復發的機率很高，建議最好每四～六個星期檢查一次尿液 pH 值及尿液比重的變化。

※ 除了飲食之外，飼主也要注意不要給予寵物會讓尿液酸化的營養保健食品（如維生素 C 或蔓越莓）或富含草酸的食物。

≳ 其他泌尿道結石 ≳

胱胺酸結石與尿酸結石（發生頻率較低）

	胱胺酸結石	尿酸結石
形成結石的成分	胱胺酸	嘌呤（尿酸鹽）
主要原因	遺傳 （先天性代謝異常） 過量的飲食蛋白質 水分攝取不足	飲食中含有過多嘌呤 （高蛋白質飲食、肝臟） 水分攝取不足 好發於迷你雪納瑞、大麥町犬
尿液 pH 值	酸性尿液	酸性～中性尿液
目標尿液 pH 值	→7.5	→7.0
飲食管理	與草酸鈣結石相同	與草酸鈣結石相同

ˇ 貓自發性膀胱炎 ˇ

　　為貓咪下泌尿道症候群 FLUTD 中最常見的疾病，由於緊迫為其主要原因，可以藉由環境緊迫因子的移除來達到治療效果，有報告指出利用濕食罐頭增加水分的攝取量，使用不會碰到貓咪鬍鬚的水碗，營造能讓貓咪上下跳動的環境，能對大部分貓咪有所幫助。

◆ 富含參與礦物質形成之營養素食品 ◆

　　飼主每天無意中給予寵物的食物有時會與泌尿道結石的形成有關，所以從飲食管理的角度來説，飼主應了解原先給予的食物是否適合及今後應該給予那些食物比較恰當。

鎂	磷	鈣質	維生素 C	維生素 D	嘌呤
●種子類 ●豆類 ●未精製之穀類	●肉類 ●肝臟 ●蛋黃 ●小魚乾 （鎂的含量也很高）	●牛奶 ●優格 ●芝麻 ●凍豆腐 ●起司 ●白蘿蔔菜 ●小松菜	●水果 （柑橘、草莓、奇異果） ●蔬菜 （青椒、青花菜等）	●魚類 （鮭魚） ●菇類	●肝臟 ●小魚乾 ●柴魚片 ●鰹魚 ●沙丁魚

泌尿道疾病

重 點 整 理

1. 狗狗和貓咪的下泌尿道症候群中，大多為磷酸胺鎂結石和草酸鈣結石。

2. 感染性磷酸胺鎂結石只靠飲食控制非常困難。

3. 磷酸胺鎂結石是因為尿液中的鈣質和草酸呈現過飽和狀態下而形成。

4. 磷酸胺鎂結石能用溶解結石專用的飲食來溶解。

5. 草酸鈣結石無法透過飲食來溶解。

6. 充分的水分攝取量是預防泌尿道結石及防止復發很重要的一環。

內分泌疾病

內分泌的功能在於分泌賀爾蒙在到血液中，這些賀爾蒙便經血液流到身體裡各個器官，包含下視丘、腦下垂體、甲狀腺、副甲狀腺、胰臟、腎上腺、生殖器官，而人體的皮膚、毛髮、心血管、大腦、腸道、骨骼等，都受賀爾蒙的影響，一旦賀爾蒙失調，影響的可能是全身性的。

「內分泌失調」是我們常聽到的一個詞，通常是在形容人體的某些症狀，同樣的，動物也一樣有內分泌失調的時候，有時可以從外表看得出來，有時則很難從外表判定，因此，若是懷疑有內分泌方面問題時，我們可以藉由測定體內賀爾蒙來做最後的診斷和治療。

內分泌檢測	
甲狀腺功能套組	☐ T4
	☐ TSH
	☐ Free T4
犬／貓套組（+Cortisol）	☐ Cortisol
高齡犬／貓套組	☐ T4+ Cortisol

糖尿病

─────▽─────

　　糖尿病是一種因為體內的胰島素作用不良或分泌不足而引起的葡萄糖代謝異常的一種疾病，雖然沒有立即性的生命危險，但是，對身體健康和生活品質卻有很大的影響，是屬於十分讓人困擾的慢性病。

　　不過，同樣是糖尿病，犬貓的致病因素卻有些許的差異。

　　貓咪的糖尿病大多是因為胰島素的作用不良所導致的非胰島素依賴型糖尿病（NIDDM），而狗狗則幾乎都是胰島素分泌不足所導致的胰島素依賴型糖尿病（IDDM）。

　　雖然糖尿病到目前為止，不論是人類或是動物，都是十分麻煩的疾病，一旦罹患糖尿病，除了要遵循醫囑外，飲食的控制是絕對必要的，身為飼主的我們每天都需要為毛寶貝們測體重和血糖，若是血糖有過高或過低的情況，一定要立刻回診，以免因為血糖不穩定併發更嚴重的併發症。

主要原因

☼ 肥胖

☼ 遺傳因素

☼ 免疫問題

主要症狀

☼ 多渴多尿

☼ 體重減輕

☼ 感染情況增加

☼ 後肢末梢神經障礙（貓咪）

☼ 多吃

☼ 嘔吐、下痢、食慾不振

☼ 白內障（狗狗）

危險因子

❄ 狗狗：肥胖、高血脂症、甲狀腺機能低下、庫興氏症、藥物

❄ 貓咪：肥胖、胰臟炎、感染症、腫瘤、壓力、藥物

糖尿病的危險因子

品種、肥胖、代謝方面疾病、
內分泌方面疾病

肥胖、消化道疾病、使
用藥物、壓力、感染

飲食管理重點

　　為了控制高血糖及維持寵物的健康狀態，有下列幾點需要注意：

1. 控制在理想體重

　　肥胖的寵物能透過減重來減輕糖尿病的併發症。至於體重過輕的寵物則以恢復理想體重為目標，能防止因為免疫力下降而發生的感染症。

2. 控制血糖值

增加複合式的碳水化合物（狗狗可以給與大麥，貓咪可以給玉米）或膳食纖維的比例能減緩飯後血糖的上升，控制血糖。

3. 適當的水分攝取量

補充因為多尿而喪失的水分。

選擇處方食品的訣竅

根據目前寵物的體重、身體狀況、是否有給予胰島素治療及其種類來選擇綜合營養食品或處方食品。

目前寵物之狀態	處方食品之選擇
糖尿病（體重正常）	綜合營養品、血糖管理
糖尿病（肥胖）	綜合營養品、血糖管理
糖尿病（體重過輕）	營養補給（沒有胰臟炎或脂質代謝異常的情況下）

餵食方法

1. 由於每隻寵物使用的胰島素種類與注射次數並不相同，根據個體狀態先設定能夠維持理想體重的 DER，若體重有減少的狀況時再增加餵食量。

2. 如果寵物不愛喝水，可利用濕食罐頭餵食。

3. 每天在規律的時間餵飯，且每餐之間應保持固定的間隔時間。

4. 貓咪使用高蛋白質、高脂肪的飲食能控制血糖值上升的情形，而且也有很高的適口性，所以只要沒有胰臟炎的情況就可以給予高營養的飲食。但如果是體重過輕的寵物，由於此種飲食比較容易造成下痢，因此要以少量多餐的方式餵食，以避免體重減輕

注意事項

☀ 由於半濕食或零食含有較多的單醣容易造成血糖值上升，並不適合患有糖尿病的寵物。

☀ 由於白飯會快速讓血糖上升，因此不論是狗狗還是貓咪都要特別小心以白飯為主體的食物或零食。

高血脂症

血液內中性脂肪濃度過高的疾病。

不知道你有沒有捐血的經驗，捐血前如果有吃一些比較油的東西，可能就會有脂肪血的狀況，看起來就像是草莓牛奶，那血液中的油脂是甚麼呢？就是指血液中的甘油三酯（高甘油三酯血症）、膽固醇（高膽固醇血症）或兩者的濃度升高。狗和貓的高脂血症可以是生理性的（餐後）或病理性的。病理性高脂血症可由脂蛋白合成增加或脂蛋白清除減少引起，可為原發性（遺傳性或特發性）或繼發於其他疾病。

主要原因

� 遺傳（迷你雪納瑞犬之高血脂症）
✢ 原發性（貓咪的高乳糜微粒血症）
✢ 繼發性（甲狀腺機能低下症、腎上腺皮質機能亢進症、糖尿病等）

主要症狀

✢ 嘔吐、下痢
✢ 食慾不振
✢ 腹痛

▍飲食管理重點

為了強化脂質代謝、減輕臨床症狀，有下列幾點需要注意：

1. 減輕脂質代謝的負荷

使用低脂肪食物（佔熱量 20% 以下）或比目前飲食脂肪含量更低的食物。

2. 增加中性脂肪從糞便排出體外的排泄量

從魚油攝取而來的 Omega-3 脂肪酸能減少中性脂肪的合成量，膳食纖維則可增加中性脂肪從糞便排出體外的量。

3. 避免低白蛋白血症的發生

高消化性的蛋白質能防止低白蛋白血症的發生。

▍選擇處方食品的訣竅

由於脂質代謝異常會增加肝臟的負擔，此時應該選擇低脂肪但能供應充分營養及能量的處方食品。

若有併發糖尿病的狀況時，則選擇能控制血糖值及維持理想體重的處方食品。

目前寵物之狀態	處方食品之選擇
高血脂症（體重正常）	消化系統護理（低脂肪）
高血脂症（肥胖）	體重管理

▍餵食方法

以能夠維持理想體重的 DER，照平常的餵食次數餵食。

▍注意事項

☼ 雖然一般而言處方食品不會因為含水量的不同而造成營養濃度不同，但因為乾飼料的脂肪含量通常比濕食還低，所以要以乾物量再進行確認。「乾物量」就是扣除水份之後所剩下的成份，包含：蛋白質、脂肪、碳水化合物等等。

☼ 在變更飲食四～八個星期後，應再度評估血中的中性脂肪濃度是否有所下降。若沒有下降，必要時，須改成為手作鮮食等脂肪含量更低的飲食。

內分泌疾病

甲狀腺機能低下 / 亢進

—⌄—

　　這兩個相反的狀況，在狗貓的比例也有很大的差異，大部分狗狗比較常見的是低下，大部分貓較常見的是亢進。甲狀腺為身體非常重要的器官，與代謝息息相關，其分泌的賀爾蒙能調整身體的血鈣濃度。這種賀爾蒙分泌不足或分泌過量時所造成的疾病，與營養因子無直接相關性。

主要原因與症狀

	甲狀腺機能低下症	甲狀腺機能亢進症
	大多發生在狗狗	大多發生在貓咪
主要症狀	體重增加 毛髮劣化 容易疲倦 怕冷 色素沉積	體重、肌肉量減少 毛髮劣化 攻擊性行為 嗜睡
主要原因	甲狀腺素分泌不足	甲狀腺素分泌過量

飲食管理重點

由於與飲食沒有直接的相關性，在飲食方面只需要注意將寵物控制在適當的體重及避免過度空腹發生。

選擇處方食品的訣竅

選擇飲食以能夠將寵物控制在理想體重為基準，體重容易增加的情況時選擇低熱量的處方食品，體重容易減輕的情況時則選擇高營養的處方食品。

目前寵物之狀態	處方食品之選擇
甲狀腺機能低下症	體重管理
甲狀腺機能亢進症	營養補給 甲狀腺護理

餵食方法

以能夠維持理想體重的 DER 為餵食量，根據個體狀態，避免過度空腹可調整次數或給予低熱量的零食。

注意事項

若是單純的甲狀腺疾病時，選擇飲食的重點在於與治療同時進行

腎上腺皮質機能亢進症

腎上腺皮質賀爾蒙分泌過量之疾病，又稱庫興氏症候群，有時也會因為甲狀腺機能低下症或糖尿病而併發。

主要原因

※ 類固醇過度使用

※ 基因

※ 腫瘤

主要症狀

除了會有腹部脂肪堆積、肌肉量下降、脫水、多喝多尿、皮膚變薄等狀況外，還會有腹部下垂的「茶壺肚」、身體左右對稱性脫毛的外觀特徵。

飲食管理上與糖尿病和甲狀腺低下相同。

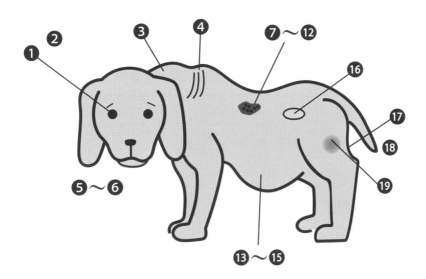

❶ 凸眼（Exophthalmos）

❷ 精神沉鬱（Depression）

❸ 脂肪堆積於背部（Fat pads）

❹ 脫水（Dehydration）

❺ 多吃（Polyphagia）

❻ 多渴（Polydipsia）

❼ 粉刺（Comedones5%）

❽ 皮膚鈣化（Calcinosis cutis）

❾ 感染（Infection）

❿ 粉刺（Acne）

⓫ 25% 會有搔癢問題（Pruritus25%）

⓬ 色素沉積（Hyperpigmentation）

⓭ 90% 會腹部下垂（Pendulous abdomen90%）

⓮ 皮膚變薄（Thin skin）

⓯ 血管突出（Prominent veins）

⓰ 雙側性脫毛（Bilateral alopecia）

⓱ 肌肉喪失（Muscle wasting）

⓲ 多尿（Polyuria）

⓳ 容易瘀青（Bruising）

內分泌疾病

重點整理

1. 糖尿病的飲食管理，以控制血糖值及維持理想體重為目標。

2. 半濕食或零食的單醣含量較多，容易讓寵物的血糖值上升。

3. 迷你雪納瑞犬容易有遺傳性的高血脂症，應避免高脂肪的飲食。

4. Omega-3 脂肪酸具有降低中性脂肪的作用。

5. 甲狀腺機能低下症要利用低脂肪、高纖維的飲食來控制體重及避免過度空腹。

6. 貓咪的甲狀腺機能亢進症基本上可用高營養飲食，但若有腎臟病應優先使用腎臟病的飲食管理方式。

7. 庫興氏症候群飲食管理方法與糖尿病和甲狀腺機能低下相同。

因食物引發的皮膚疾病

皮膚的功能包括能將痛覺等訊息傳送到體內，保護身體不受細菌、病毒及外傷傷害、防止體液因為溫度、濕度或環境的乾燥而流失、供應毛髮需要的營養素，以及調整代謝與免疫機能。

然而，就和人類一樣，有些寵物對某些食物可能會有過敏的症狀發生，也可能會有一些不良的反應，例如，之前我就曾經遇過一位十分有「嘗試精神」的飼主，經常替家裡的狗狗換飼料，只要店家有推新的或特價的飼料，他就立刻讓狗狗「嚐鮮」，然而有一回，因為飼料中摻入了過多的海鮮成分，導致狗狗不停的腹瀉，嚇得他趕緊將狗狗帶來醫院，幸好最後沒什麼大礙，也多虧了這次的意外，飼主也知道自家的狗狗對海鮮過敏，日後便會仔細看飼料成分了。

以下就是幾種較常見因食物引發的皮膚疾病：

1. 食物不良反應

對吃下去的食物或添加物產生異常反應的現象，稱之為食物不良反應。狗狗或貓咪的食物不良反應包括過敏、食物不耐症、先天性代謝障礙、食物中毒、體質對某些食物產生特異性反應，以及藥物反應。其中食物過敏與免疫相關，其他則是非免疫相關性的皮膚疾病。

2. 食物過敏（免疫媒介性食物不良反應）

　　食物過敏之所以會引起症狀，是因為有「食物過敏原」的存在。有報告指出，寵物食品中的牛肉、乳製品、魚肉的「蛋白質」。另一方面，也有人認為引起過敏反應的並非蛋白質的種類，而是與蛋白質被消化道吸收時的分子大小有關。

主要原因

* 遺傳（迷你雪納瑞犬之高血脂症）
* 原發性（貓咪的高乳糜微粒血症）
* 繼發性（甲狀腺機能低下症、腎上腺皮質機能亢進症、糖尿病等）

主要症狀

狗狗	貓咪
強烈搔癢（臉部、腳、腋下、鼠蹊部）	強烈搔癢（頭部、脖子、頸部）
皮膚慢性發炎	潰瘍性皮膚炎
紅疹	粟粒狀皮膚炎
脫毛	脫毛
色素沉積	皮膚知覺敏感
外耳炎	皮脂漏
二次感染	嘔吐、下痢
嘔吐、下痢	

食物不良反應之分類

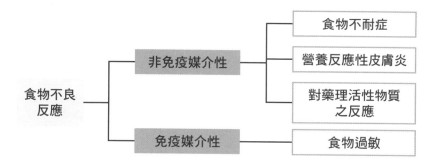

飲食管理重點

為了減輕臨床症狀，有下列幾點需要注意：

1. 減輕發炎反應

在飲食中添加魚油可攝取到有助於減輕發炎反應的 Omega-3 脂肪酸，以及毛髮健康不可或缺的必需胺基酸（EFA）。

2. 避免暴露在食物過敏原中

若已知道過敏原是甚麼，則改為之前沒有吃過的蛋白質來源（新型蛋白質），但若是不知道過敏原為何，則使用水解蛋白質以避免吃入過敏原。

3. 改善腸道內環境

利用高消化性的飲食減少未消化物，並以發酵程度適中的膳食纖維來改善腸道內環境，有助於恢復腸道正常的免疫調節功能。

4. 強化免疫力

維生素 E、β - 胡蘿蔔素、維生素 C 等抗氧化成分可維持免疫力。

選擇處方食品的訣竅

以造成食物不良反應的物質是否為特定過敏原，來作為處方食品的選擇標準。

目前寵物之狀態	處方食品之選擇
食物過敏（特定過敏原）	食物敏感專用（新型蛋白質）
食物過敏（非特定過敏原）	食物敏感專用（水解蛋白質）

餵食方法

若有消化道症狀，一開始以 RER 為餵食量每日餵食三餐，若無消化道症狀則以能維持理想體重的 DER 按照平常的餵食次數餵食。

注意事項

☀ 選擇含有新型蛋白質的商品，先確認引起目前臨床症狀的寵物食品中有哪些蛋白質來源，再選擇之前從未吃過的蛋白質。

☀ 含有水解蛋白質的商品，因為滲透壓較高有時會引起下痢症狀，要避免突然轉換食物。

☀ 含有水解蛋白質的處方食品中，並非所有含有蛋白質的原料都經過水解作用，所以並不能完全治好過敏症狀，此外，每種商品的水解程度也有所不同。

❅ 請在確認原料後，根據寵物的病況選擇商品。

❅ 如果餵食水解蛋白之寵物食品後仍未改善症狀，則可能與寵物食品中的添加物有關。可試著以完全餵飼手作鮮食來排除這個可能。

◆ 新型蛋白質？水解蛋白質？ ◆

含有新型蛋白質的商品（或稱為：低敏配方）是利用羊肉、鴨肉、鮭魚等蛋白質來代替一般常見的蛋白質來源雞肉。此外，由於穀類或豆類等碳水化合物來源中也含有蛋白質，所以還會用白米或木薯來代替一般常見的玉米或小麥。因此在確認食物中蛋白質來源的時候，不只要看肉、魚、蛋，還要看米、麥、豆、玉米等碳水化合物來源是否也是之前未吃過的食物。

水解蛋白質是將蛋白質分子水解處理成不會引起過敏反應的大小後，作為食物中的蛋白質來源。因此即使寵物對雞肉過敏，也不會對水解過後的雞肉產生過敏反應。

食物不耐性、營養不良性皮膚炎

食物不耐症是指對特定營養素難以消化的疾病，原因及症狀與食物過敏相似；而乳糖不耐症則是因體內缺乏乳糖分解酵素（乳糖酶Lactase）導致無法消化乳製品中所含有的乳糖。

其他的非免疫媒介性食物不良反應還有：

1. 麩質不耐症：

對小麥、黑麥、大麥、燕麥等所含有的麩質無法消化。

2. 營養反應性皮膚炎

因缺乏維持毛髮健康所必需的營養素而引起的皮膚疾病，分為飲食中攝取不足及先天性吸收障礙兩種情況。

☀ 維生素 A 反應性皮膚炎
☀ 維生素 E 反應性皮膚炎
☀ 鋅反應性皮膚炎：先天性的鋅吸收障礙所造成，好發犬種為阿拉斯加雪橇犬、西伯利亞哈士奇犬、牛頭梗犬。
☀ 對藥理活性物質產生反應：對食品添加物等化學物質產生過敏反應而發生的皮膚炎。

▌ 飲食管理重點

☼ 除去引發皮膚病的物質
☼ 給予營養均衡的高消化性飲食

▌ 選擇處方食品的訣竅

　　若有食物不耐症則除去食物中無法耐受之物質，若是缺乏特定營養素則選擇能補充該營養的處方食品。

目前寵物之狀態	處方食品之選擇
食物不耐症（特定不耐成分）	除去不耐成分之綜合營養食品 不含有不耐成分的食物敏感專用處方食品
食物不耐症（非特定不耐成分）	食物敏感專用（水解蛋白質）
營養反應性皮膚炎	優質的綜合營養食品＋能補充缺乏維生素之營養保健食品、食物敏感專用（新型蛋白質）

注意事項

※ 有下痢症狀時，也可以選擇不含引發不良反應物質的消化系統護理處方食品。

※ 營養不均衡的手作鮮食很容易有缺乏鋅的情形，可能會造成寵物出現脫毛症狀。

※ 若懷疑寵物可能對寵物食品中的化學物質產生過敏反應，可試試看完全餵飼手作鮮食並觀察寵物的反應。

因食物引發的皮膚疾病

重 點 整理

1. 食物不耐症中分為乳糖不耐症與麩質不耐症。

2. 食物過敏的過敏原為蛋白質。

3. 新型蛋白質來源指的是之前從未吃過的蛋白質。

4. 水解蛋白質是指將蛋白質分解成不會引起過敏反應的小分子。

5. Omega-3 脂肪酸能減輕發炎反應。

6. 維生素 E、β - 胡蘿蔔、維生素 C 等抗氧化成分有助於強化免疫力。

7. 營養不均衡的手作鮮食有時會讓寵物因為鋅缺乏症而出現脫毛現象。

心臟疾病

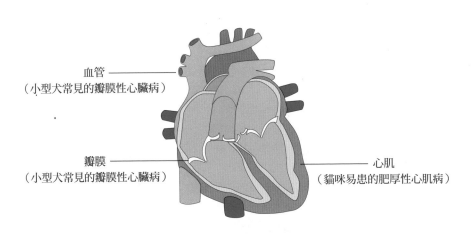

血管
（小型犬常見的瓣膜性心臟病）

瓣膜
（小型犬常見的瓣膜性心臟病）

心肌
（貓咪易患的肥厚性心肌病）

▲犬貓的心臟解剖圖

　　我們都知道心臟是負責讓血液能在全身循環的器官，藉由產生搏動的「肌肉」、防止血液逆流的「瓣膜」、規律地將血流送出的「節律」以及讓血液能順利流通的「血管」，發揮正常的幫浦功能。

　　但你知道狗狗和貓貓也會有心臟病嗎？而且，犬貓好發的心臟方面疾病也有所不同，例如，狗狗最常罹患的是慢性瓣膜性心臟病，而貓貓則是肥厚性心肌病⋯⋯

　　在這個章節裡，我會就犬貓較常見的心臟疾病為大家做簡單的說明，讓飼主能夠在照護上得到一點協助。

心臟疾病是犬貓健康上的隱形殺手，不能輕忽，而且不是只有高齡犬貓才有罹患的可能，因此，我還是會建議飼主定期為家中寵物做一次健康檢查。

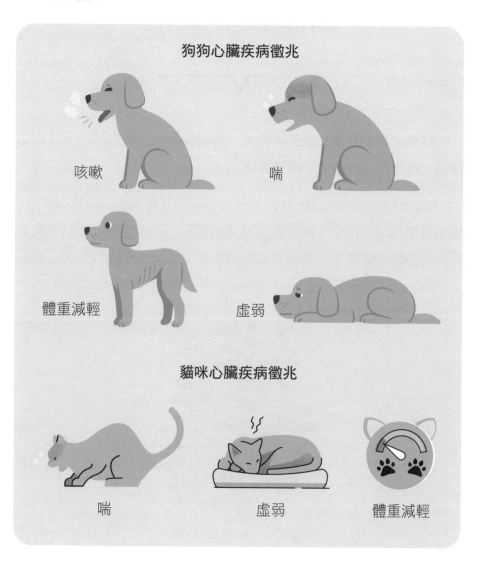

狗狗心臟疾病徵兆

咳嗽

喘

體重減輕

虛弱

貓咪心臟疾病徵兆

喘

虛弱

體重減輕

瓣膜性心臟病

好發犬種：查理士小王子獵犬、馬爾濟斯犬、吉娃娃犬、迷你雪納瑞、西施犬、貴賓犬、約克夏梗

　　誠如這章一開始我說過的，瓣膜性心臟病是狗狗最常見的心臟病，主因是瓣膜閉鎖不全而導致血液逆流的疾病，而瓣膜性心臟病又有先天性（瓣膜發育不全）和後天性（瓣膜脫垂），其中左心房與左心室之間的「二尖瓣閉鎖不全症」，則是小型犬十分常見的心臟疾病。

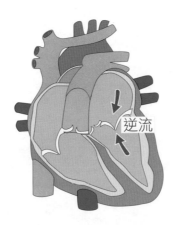

逆流

▲狗狗的瓣膜性心臟病

瓣膜性心臟病是指瓣膜退化時會逐漸變厚或脫垂，使瓣膜關不緊，最後造成閉鎖不全和血液逆流。血液累積在心臟或肺臟使心臟負擔變大，最終變成肺水腫或心臟衰竭。

以「二尖瓣」發生的機會最高。

主要原因

- 年齡增長（中年之後）
- 體重過重
- 基因

主要症狀

- 咳嗽、呼吸困難
- 食慾不振、體重減輕
- 容易疲倦
- 腹水
- 肺水腫

飲食管理重點

心臟病是無法治癒且會持續惡化的疾病，但適當的飲食管理有助於減緩惡化的速度及提升生活品質，因此有下列幾點需要注意：

1. 維持理想體重

有肥胖的情況時要將體重減輕至理想體重，體重過輕的狀況下則為了防止心因性惡病質（Cardiac Cachexia）的發生，飲食必須提供充足的營養與能量。

2. 減輕臨床症狀

限制鈉和氯的攝取量，減輕高血壓、腹水、水腫等症狀。

3. 強化心臟功能

牛磺酸、精氨酸、輔酵素 Q10、Omega-3 脂肪酸、抗氧化成分等營養能輔助心臟功能，在尋找飼料上，可以注意成分中的含量。

▌ 選擇處方食品的訣竅

以將體重控制在理想範圍及減輕臨床症狀為目的，並將限制鈉的攝取量作為共同要達到的目標，除此之外則因應寵物的臨床症狀及食慾狀態來選擇適合的處方食品。

目前寵物之狀態 限制鈉攝取量的必須性	處方食品之選擇
輕度	高齡護理、關節護理（狗狗）、腎臟病護理、肝臟護理
中～重度	心臟護理

餵食方法

1. 在投藥治療且身體狀態穩定後，再以一星期左右的時間慢慢轉換成決定好的食物。

2. 以能夠維持理想體重的 DER，依據寵物之臨床症狀決定餵食次數，最好能以少量多餐的方式餵食，比較能達到控制體重的目的，供應充分的能量及減少食慾不振的情形。

注意事項

⁜ 飼主須注意也不能給寵物吃鈉含量高的零食或其他食物（如起司、魚板、火腿、小魚乾等）。

⁜ 要掌握好寵物的水分攝取量及限制運動量的程度。

心臟疾病

心肌病

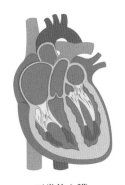
正常的心臟

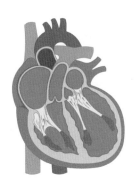
擴張型心肌病

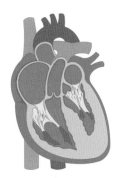
肥厚型心肌病

好發犬種：杜賓犬、大丹犬、德國狼犬、黃金獵犬、拉布拉多

這是一種由於心肌異常而造成的心臟病，又分為「肥厚性心肌病」、「擴張性心肌病」兩種。

「肥厚性心肌病」是指心臟內腔室正常但心肌增厚；「擴張性心肌病」則是腔室擴大心肌變薄，前者是貓咪最常見的心肌病，後者是大型犬常見的心肌病。

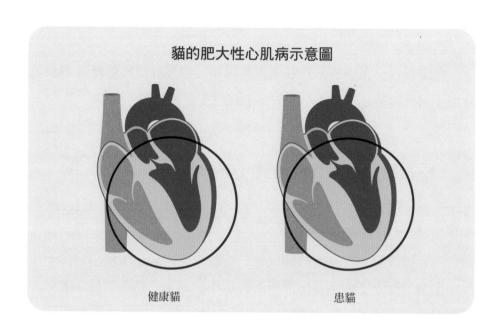

貓的肥大性心肌病示意圖

健康貓　　　　　　　患貓

主要原因

☀ 基因、遺傳

☀ 營養不均衡之飲食（牛磺酸不足或欠缺）

☀ 其他不明原因

主要症狀

☀ 咳嗽、嘔吐

☀ 呼吸困難

☀ 血栓後造成之疼痛與後肢麻痺（肢體末端冰涼）

☀ 沒有精神

☀ 食慾不振、體重減輕

☀ 腹部膨脹（腹水、胸水）

飲食管理重點

與瓣膜性心臟病的飲食管理重點相同，由於缺乏維生素 B 群會讓食慾不振更為惡化，在使用利尿劑治療時要特別注意。

◆ 甚麼是心因性惡病質（Cardiac Cachexia）◆

因心臟病惡化所引起的特殊體質減輕狀態。

健康寵物在變瘦的時候會先從脂肪開始減少，而心因性惡病質則是即使身軀肥胖但肌肉量也會減少，結果造成心臟的肌肉量也減少，且體力和免疫力低下導致生存率明顯下降。

為了避免這種情形發生，在心臟病初期就必須開始進行適當的飲食管理。

選擇處方食品的訣竅

與瓣膜性心臟病相同，除了要注意鈉含量之外，還要選擇富含牛磺酸、精氨酸等強化心肌之營養素的處方食品。

目前寵物之狀態 限制鈉攝取量的必要性	處方食品之選擇
輕度	高齡護理、關節護理（狗狗）、 腎臟病護理、肝臟護理
中～重度	心臟護理

餵食方法

與瓣膜性心肌病相同。

注意事項

牛磺酸缺乏症除了心肌症之外，也會增加視網膜疾病導致失明風險。缺乏原因可能是手作鮮食中未含有足夠的牛磺酸，或是營養成分比例不適合做為主食的貓咪專用寵物食品所導致。

心臟疾病

重 點 整 理

1. 肥胖會造成心肺功能的負擔,所以要將寵物的體重控制在理想範圍內。

2. 若寵物有變瘦的情形,要實施飲食管理以避免發生心因性惡病質。

3. 寵物有腹水或水腫的情況時要限制鈉的攝取量。

4. 狗狗較常見瓣膜心臟病,可以補充維生素 B 群。

5. 貓咪較常見心肌病,要補充適當量的牛磺酸。

6. 牛磺酸缺乏症除了心臟之外,還會增加視網膜疾病的風險,有時甚至會造成失明。

腫瘤

```
————∨————
```

這裡要談的是癌症,也就是惡性腫瘤。

和人類一樣,每隻毛孩身體內也都存在著異常細胞,這些異常的細胞不一定會演變為癌症,若是這些異常細胞不受身體的調控系統所控制,便很容易失控增生為腫瘤,腫瘤分為良性和惡性,其中惡性就稱為癌症。

根據一份由臺北市動物保護處與國立臺灣大學獸醫專業學院合作調查的一項「犬貓十大死因調查報告」指出,犬貓的致死原因第一名皆為癌症,尤其是超過八歲以上的犬貓,癌症死亡的比例更高。

想要減少家裡的毛寶貝們罹癌的風險,平常除了可以儘量減少環境中的罹癌因子,以及讓寶貝們能有適當的營養外,建議飼主最好要讓家中的寶貝們接受定期的健康檢查,早期發現才能早期治療。

若是寶貝們不幸已經在身上發現有腫瘤,甚至已經罹癌,飼主們也不要太過緊張,只要發現得早,以目前的醫療發展,一定可以得到妥善的治療。

主要原因

☀ 不明(高齡、肥胖的狗狗或貓咪較常發生)

主要症狀

- 皮膚異常腫脹（長時間存在且越長越大）
- 無法治癒的潰瘍
- 體重減輕
- 食慾不振
- 容易疲倦、沒有精神
- 呼吸困難、排尿困難、排便困難
- 出血、分泌物

▌飲食管理重點

　　飲食在寵物接受化療、放療或外科手術等各種不同癌症治療的期間，擔負著非常重要的支持作用。

　　然而，由於每一隻寵物的癌症病況與治療方法不太相同，在飲食管理上也必須因應每隻寵物個體的狀況，若是提供不恰當的飲食管理，很有可能會造成「癌症惡病質」，將不利於治療的進行及預後的復原。

　　因此在癌症的飲食管理上，為了避免癌症惡病質的發生，有下列幾點需要注意：

1. 預防體重減輕（脂肪或骨骼肌的減少）

　　由於癌細胞會利用葡萄糖及蛋白質來為養分來增殖，因此飲食中的營養成分有時必須為高蛋白質（總能量的 30-50%）、高脂肪（50-60%）及低碳水化合物（10-15%）。

2. 維持全身狀態

3. 供應充分的能量

4. 補充下列成分

　　精氨酸、麩醯胺酸、Omega-3 脂肪酸等具有減輕治療伴隨的副作用，妨礙腫瘤細胞生長、預防惡病質及防止復發等功能；抗氧化物質（β-胡蘿蔔、硒、維生素 A、C、E）則能減輕治療中伴隨的副作用、預防腫瘤生長和防止復發。

選擇處方食品的訣竅

　　選擇配方為高蛋白質、高脂肪及低碳水化合物的處方食品，並供應充分的能量以防止體重減輕。

目前寵物之狀態	處方食品之選擇
癌症	營養補給、癌症專用（狗狗）、發育期專用

* 現實中有時會有寵物不願意吃，或因為飲食過度營養而導致消化不良，讓病況更加惡化的情況，因此這個時候也可選擇消化系統護理等處方食品，以寵物願意吃為優先選擇，才能藉由飲食供應充足的能量。

餵食方法

1. 以 RER x 1.0 ～ 1.5 為標準設定 DER，在不會引起嘔吐、下痢及體重減輕的情況下決定餵食次數。

2. 利用親手餵食，加入溫水等方式吸引寵物願意將食物吃下去。

3. 如有無法經手進食的情況，則以管灌飲食法餵食。

▍注意事項

☼ 餵食過量可能會造成寵物出現噁心、嘔吐、下痢等症狀，因此餵食時須特別注意。

☼ 在化學治療或放射線治療期間，若給予大量添加抗氧化成分的食物（癌症專用處方食品）或營養保健食品，可能會與治療效果產生拮抗作用，因此不可餵食。

▍恢復期的飲食

配合寵物不同的潛在性疾病選擇不同的處方食品，透過營養均衡的飲食來供應充足的能量與蛋白質才能促進組織的修復並協助寵物恢復健康。

重點整理

1. 癌症的飲食管理一般會採用低碳水化合物、高蛋白質、高脂肪的高熱量飲食。

2. 單醣會促進癌細胞的增殖。

3. 精氨酸及麩醯胺酸能降低腫瘤細胞的增殖及強化免疫力。

4. 寵物無法經口進食的時候應以管灌飲食法供應營養。

5. 供應充分的能量能避免癌症惡病質的發生。

6. 化學治療或放射線治療期間應避免含有高濃度抗氧化成分的處方食品。

7. 要轉換成高脂肪飲食時,應以較長的時間進行轉換以避免下痢。

8. 在考量組織修復及投藥效果的情況下,供應充分的營養與能量能促進身體復原。

關節疾病

$$\underline{\qquad\qquad\vee\qquad\qquad}$$

發生在連接骨頭與骨頭之間可動關節的疾病，可大致分為發育期間發育障礙造成的肘關節或髖關節發育不全，以及外傷或疾病所造成的關節炎。

主要原因

* 遺傳因素（好發犬種：紐芬蘭犬、羅威那犬、伯恩山犬）
* 大型犬、超大型犬在發育期間不當飲食
* 礦物質（鈣質、磷）、維生素（維生素 A、D）的缺乏或過量
* 肥胖
* 運動不足（或運動過量）
* 老年

主要症狀

* 無法順利做出日常動作（散步、爬起來、上下樓梯或椅子等）
* 一直抬著腳
* 走路姿勢異常
* 跛腳

▎飲食管理重點

為了讓骨骼能正常發育及進行健康管理，有下列幾點需要注意：

1. 發育期間適當的飲食管理

由於大型犬或超大型犬的發育期比小型犬或中型犬還要長，發育過快會造成肥胖及骨骼發育異常。因此在發育期間應選擇營養濃度及配方適合大型犬種的發育期專用飼料。

2. 避免攝取過量的鈣質、磷、維生素 A 及維生素 D

優質的發育期專用飼料中已經添加有充足的此類營養素，因此無須再額外添加相關的營養保健食品或富含此營養素的零食或食物。這一點在發育期以外的其間也是一樣的。

3. 維持在理想的體重及體態

維持理想體重可減少關節的負擔，且多餘的脂肪會產生發炎物質讓關節炎更加惡化。除了餵食量應適量之外，也可給予左旋肉鹼促進脂肪代謝。

4. 延緩關節炎的惡化

葡萄糖胺及硫酸軟骨素無法預防關節炎或改善症狀，但能有助於減緩惡化的速度。

5. 減輕發炎反應

魚油或綠貽貝含有豐富的 Omega-3 脂肪酸，能減輕發炎反應，維持關節的健康。

6. 強化免疫力

維生素 E、維生素 C 等抗氧化成分能使寵物維持正常的免疫力。

選擇處方食品的訣竅

以將體重控制在理想範圍為優先，之後則選擇含有能強化關節之營養素的發育期專用綜合營養食品或處方食品。

目前寵物之狀態	處方食品之選擇
發育期	適合狗狗體型大小的發育期專用飼料
關節炎（肥胖）	健康減重
關節炎（體重正常）	體重管理、關節護理、心臟病護理（初期）

餵食方法

1. 依照一般之餵食法（例如一天兩餐）

2. 餵食方法配合其他疾病進行調整

範例：使用關節護理處方食品但也希望能控制體重。

3. 以 DER=RER x 1.2 的餵食量，一天餵食三餐。

最好將乾飼料加水泡軟。雖然一般在幫寵物減重的時候會將 DER=RER，但因為關節護理類型的處方食品所含有的蛋白質含量較低，為了避免有蛋白質不足的情形，所以才將係數設定為 1.2。

▌注意事項

　　為了減輕關節的負擔，除了維持理想體重之外，維持肌肉量也是非常重要的一環，配合寵物的病況進行復健運動有助於減輕關節的疼痛。

關節疾病

重點整理

1. 在大型犬、超大型犬的發育期間,請選擇大型犬專用的發育期專用飼料。

2. 鈣質、磷、維生素 A、維生素 D 與骨骼的發育障礙有關。

3. 葡萄糖胺及硫酸軟骨素有助於延緩關節炎的惡化。

4. 魚油或綠貽貝含有豐富的 Omega-3 脂肪酸能減輕發炎反應。

5. 抗氧化成分有益於骨膜細胞的減少。

6. 體重控制及復健運動有助於減輕關節疼痛。

晨星寵物館重視與每位讀者交流的機會，
若您對以下回函內容有興趣，
歡迎掃描QRcode填寫線上回函，
即享「晨星網路書店Ecoupon優惠券」一張！
也可以直接填寫回函，
拍照後私訊給 FB【晨星出版寵物館】

◆ 讀 者 回 函 卡 ◆

姓名：_____　性別：□ 男　□ 女　生日：西元　　　／　　　／

教育程度：□國小　□國中 □高中 / 職　□大學 / 專科　□碩士　　　□博士

職業：□ 學生　　　□公教人員　　□企業 / 商業　□醫藥護理　□電子資訊
　　　□文化 / 媒體　□家庭主婦　　□製造業　　　□軍警消　　□農林漁牧
　　　□ 餐飲業　　□旅遊業　　　□創作 / 作家　□自由業　　□其他_____

* 必填 E-mail：_____　聯絡電話：_____

聯絡地址：□□□ _____

購買書名：貓狗營養學

· 本書於那個通路購買？　□博客來 □誠品 □金石堂 □晨星網路書店 □其他_____

· 促使您購買此書的原因？

□於 _____ 書店尋找新知時　□親朋好友拍胸脯保證　□受文案或海報吸引

□看_____網路平台分享介紹　□翻閱_____ 報章雜誌時瞄到

□其他編輯萬萬想不到的過程：_____

· 怎樣的書最能吸引您呢？

□封面設計　□內容主題　□文案　□價格　□贈品　□作者　□其他 _____

· 您喜歡的寵物題材是？

□狗狗　□貓咪　□老鼠　□兔子　□鳥類　□刺蝟　□蜜袋鼯

□貂　　□魚類　□烏龜　□蛇類　□蛙類　□蜥蜴　□其他_____

□寵物行為　□寵物心理　□寵物飼養　　□寵物飲食　　□寵物圖鑑

□寵物醫學　□寵物小說　□寵物寫真書　□寵物圖文書　□其他_____

· 請勾選您的閱讀嗜好：

□文學小說　□社科史哲　□健康醫療　□心理勵志　□商管財經　□語言學習

□休閒旅遊　□生活娛樂　□宗教命理　□親子童書　□兩性情慾　□圖文插畫

□寵物　　　□科普　　　□自然　　　□設計 / 生活雜藝　　□其他 _____

國家圖書館出版品預行編目資料

貓狗營養學 / 柯亞彤著 . -- 初版 . -- 臺中市：晨星出版有
限公司 , 2023.10

　224 面 ;16 × 22.5 公分 . -- (寵物館 ; 113)

ISBN 978-626-320-610-6(平裝)

1.CST: 貓 2.CST: 犬 3.CST: 寵物飼養 4.CST: 健康飲食

437.364　　　　　　　　　　　　　　　112012593

寵物館 113

貓狗營養學

掌握毛小孩飲食營養需求，正確選擇食物、改善疾病症狀

作者	柯亞彤
企劃編輯	何錦雲
編輯	余順琪
校對	廖冠濱
視覺設計	初雨有限公司
創辦人	陳銘民
發行所	晨星出版有限公司
	407 台中市西屯區工業 30 路 1 號 1 樓
	TEL：（04）23595820　FAX：（04）23550581
	E-mail：service-taipei@morningstar.com.tw
	http://star.morningstar.com.tw
	行政院新聞局局版台業字第 2500 號
法律顧問	陳思成律師
初版	西元 2023 年 10 月 15 日
讀者服務專線	TEL：（02）23672044 /（04）23595819#212
讀者傳真專線	FAX：（02）23635741 /（04）23595493
讀者專用信箱	service@morningstar.com.tw
網路書店	http://www.morningstar.com.tw
郵政劃撥	15060393（知己圖書股份有限公司）
印刷	上好印刷股份有限公司

定價 420 元
（如書籍有缺頁或破損，請寄回更換）
ISBN ： 978-626-320-610-6

圖片來源：柯亞彤、shutterstock.com

| 最新、最快、最實用的第一手資訊都在這裡 |